高等职业教育精品示范教材（电子信息课程群）

VMware 虚拟化技术项目式实训教程

主　编　叶红卫　殷美桂

副主编　安华萍　王艳萍

内 容 提 要

本书主要介绍 VMware vSphere 的应用和基于 VMware ESXi 的虚拟化应用，实施过程中采用“项目化教学”和“任务驱动”的模式。主要内容包括安装 vSphere 组件、安装和管理 ESXi 主机、创建虚拟机和虚拟网络交换机、安装网络存储系统、配置 vSphere 存储等十个项目。

本书对实际的虚拟化项目进行了模拟实施转换。通过 VMware Workstation 10 虚拟机代替真实的物理服务器，从而达到项目实施过程中的硬件要求。充分利用现有的硬件资源来组织课程的教学，方便了学生的任务实施。每个任务都配有操作视频，可以使用手机扫描书中的二维码进行观看。

本书可作为高职高专计算机网络技术专业的虚拟化技术课程教学用书，也可作为学习 VMware 虚拟化技术的参考用书。

图书在版编目（CIP）数据

VMware虚拟化技术项目式实训教程 / 叶红卫，殷美桂主编. -- 北京 : 中国水利水电出版社，2016.8（2022.1 重印）
高等职业教育精品示范教材. 电子信息课程群
ISBN 978-7-5170-4467-3

Ⅰ. ①V… Ⅱ. ①叶… ②殷… Ⅲ. ①虚拟处理机－高等职业教育－教材 Ⅳ. ①TP338

中国版本图书馆CIP数据核字(2016)第142176号

策划编辑：陈宏华　责任编辑：李　炎　加工编辑：郭继琼　封面设计：李　佳

书　名	高等职业教育精品示范教材（电子信息课程群） VMware 虚拟化技术项目式实训教程
作　者	主　编　叶红卫　殷美桂 副主编　安华萍　王艳萍
出版发行	中国水利水电出版社 （北京市海淀区玉渊潭南路 1 号 D 座　100038） 网址：www.waterpub.com.cn E-mail：mchannel@263.net（万水） sales@waterpub.com.cn 电话：（010）68367658（发行部）、82562819（万水）
经　售	北京科水图书销售中心（零售） 电话：（010）88383994、63202643、68545874 全国各地新华书店和相关出版物销售网点
排　版	北京万水电子信息有限公司
印　刷	三河市鑫金马印装有限公司
规　格	184mm×260mm　16 开本　7.25 印张　175 千字
版　次	2016 年 8 月第 1 版　2022 年 1 月第 4 次印刷
印　数	7001—9000 册
定　价	19.00 元

前　　言

云计算近几年发展非常迅猛，越来越多的应用都在向“云”进行迁移，并且越来越多的服务器都在进行虚拟化，充分利用现有的硬件资源，为人类提供更多的服务。服务器的虚拟化可以大大降低 IT 维护工作量，通过“软件定义”方式的服务器虚拟化正在扮演越来越重要的角色。VMware 公司在虚拟化方面的解决方案，在不同的行业中有着广泛的应用。

本书编写的目的是为了增强学生在云计算和虚拟化技术方面的应用能力，熟悉和掌握 VMware vSphere 的应用和基于 VMware ESXi 的虚拟化应用。

本书采用“项目化教学”和“任务驱动”的方式，从任务描述和任务实施入手，将实际的项目进行模拟实施，在实训室有限的教学资源下进行项目化教学。同时，在不同的项目中穿插项目所需的理论知识，将知识点融入到任务的实施过程中。每个任务都配有操作视频，可以使用手机扫描书中的二维码进行观看。安卓系统手机请用 QQ 扫一扫功能扫描二维码，在浏览器中下载或直接打开音频文件；iOS 系统使用 QQ 扫一扫功能扫描二维码可直接打开音频文件。

在教材结构上，按项目组织教学内容，每个项目中包含以下模块。

项目描述：实际的项目背景，突出内容的实用性。

所需知识：为完成项目中的任务提供理论支撑。

任务描述：对每个任务提出了任务实施的要求和过程。

任务实施：详细讲解任务的实施步骤。

本书由河源职业技术学院的叶红卫、殷美桂任主编，对全书进行统稿和校对；河源职业技术学院的安华萍、王艳萍任副主编。项目 0～6 由叶红卫编写，项目 7～8 由殷美桂编写，项目 9 由安华萍编写，项目 10 由王艳萍编写。本书得到了学院领导和中国水利水电出版社相关人员的大力支持，在此表示衷心的感谢。

本书虽经过多次的修改和讨论，但难免存在疏漏之处，敬请广大读者批评指正。作者的 E-mail：aboyhw@163.com。

编　者

2016 年 4 月

于河源职业技术学院电子与信息工程学院

目　　录

0 实训环境搭建

项目描述

学校信息中心为了充分利用现有的硬件资源，将实施一个虚拟化项目，把原有的 2 台服务器进行虚拟化。

项目模拟实训环境

1. 项目硬件和软件环境要求

由于虚拟化技术的实施需要高性能的物理硬件的支持。为了在教学过程中能够完成虚拟化项目的实施，对项目进行模拟实训，在实训室的环境中完成实施，节省了对设备经费的投入。本课程项目的模拟实施硬件和软件环境要求如表 0-1、表 0-2 所示。

表 0-1 项目硬件环境要求

硬件	要求和建议
CPU	1CPU 或更多
处理器	2GHz 或更快的 Intel 或 AMD 处理器（支持虚拟化）
内存	8GB 或更大的内存空间
磁盘存储	200GB 可用磁盘空间或更大的磁盘空间
网络	建议使用千兆位连接

表 0-2 项目软件环境要求

软件	要求和建议
操作系统	Win7 x64 或以上版本，用来安装 VMware Workstation 10，模拟物理服务器 Windows 2008 x64，在 VMware Workstation 10 中的虚拟机中安装，作为 vCenter Server 的安装环境
虚拟软件	VMware Workstation 10
vSphere 组件	5.0 版本
ESXi	5.0 版本
openfiler	openfileresa-2.99.1-x86_64 版本，用作网络存储系统

2. 网络拓扑

项目模拟实施过程中，网络拓扑结构如图 0-1 所示。

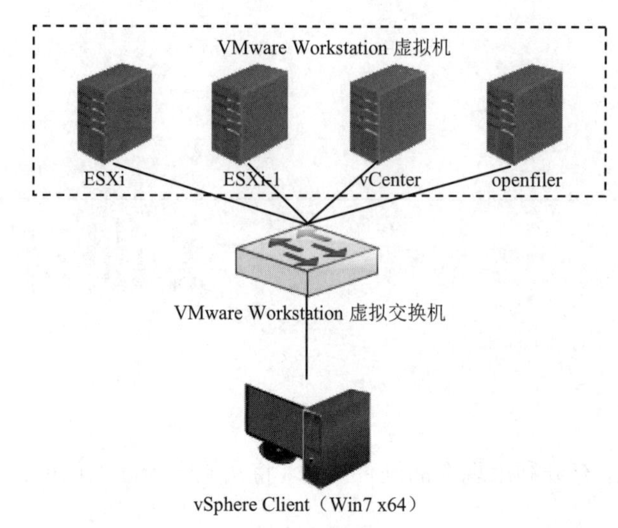

图 0-1 网络拓扑

3. IP 地址划分

项目模拟实施中各个设备 IP 地址划分如表 0-3 所示。

表 0-3 IP 地址划分

设备	IP 地址分配
ESXi	10.100.1.200/8
ESXi-1	10.100.1.202/8
vCenter	10.100.1.203/8
openfiler	10.100.1.201/8
vSphere Client	10.100.1.1/8

注：IP 地址分配可以根据自己的实际情况进行划分。

4. 内存与硬盘分配

在 VMware Workstation 中各个虚拟机的内存与硬盘分配情况如表 0-4 所示。

表 0-4 各个虚拟机的内存与硬盘分配情况表

设备	内存空间	硬盘数量	硬盘空间
ESXi	2G	2	20G
ESXi-1	2G	2	20G
vCenter	2G	1	20G
openfiler	1G	4	20G

注：内存空间可以根据物理主机的内存进行调整，但是 ESXi 的内存不得低于 2G，否则，ESXi 将启动失败。

1

安装 vSphere 组件

项目描述

学校信息中心为了充分利用现有的硬件资源，将实施一个虚拟化项目，把原有的 2 台服务器进行虚拟化。项目虚拟化方案采用 VMware 公司的产品 vSphere，先需要对 vSphere 进行安装。

所需知识

1. 服务器虚拟化

将服务器的物理资源抽象成逻辑资源，让一台服务器变成几台甚至上百台相互隔离的虚拟服务器，我们不再受限于物理上的界限，而是让 CPU、内存、磁盘、I/O 等硬件变成可以动态管理的“资源池”，从而提高资源的利用率，简化系统管理，实现服务器整合，让 IT 对业务的变化更具适应力——这就是服务器的虚拟化。

服务器虚拟化主要分为三种：“一虚多”“多虚一”和“多虚多”。“一虚多”是一台服务器虚拟成多台服务器，即将一台物理服务器分割成多个相互独立、互不干扰的虚拟环境。“多虚一”就是多个独立的物理服务器虚拟为一个逻辑服务器，使多台服务器相互协作，处理同一个业务。另外还有“多虚多”的概念，就是先将多台物理服务器虚拟成一台逻辑服务器，然后再将逻辑服务器划分为多个虚拟环境，即多个业务在多台虚拟服务器上运行。

（1）物理基础架构，如图 1-1 所示。

（2）虚拟基础架构，如图 1-2 所示。

大多数服务器的容量利用率不足 15%，这不仅导致了服务器数量剧增，还增加了复杂性。实现服务器虚拟化后，单台物理服务器上可以运行多个虚拟机形式的操作系统，并且每个操作系统都可以访问底层服务器的计算资源，因而，效率低下问题迎刃而解。但是，将一两台服务器虚拟化仅仅只是个开始，下一步要将服务器集群聚合为一项整合资源，这可以提高整体效率并降低成本。服务器虚拟化还可以加快工作负载部署速度、提高应用性能以及改善可用性。此外，随着操作实现自动化，IT 会变得更加易于管理，其拥有成本和运维成本也会大幅降低。

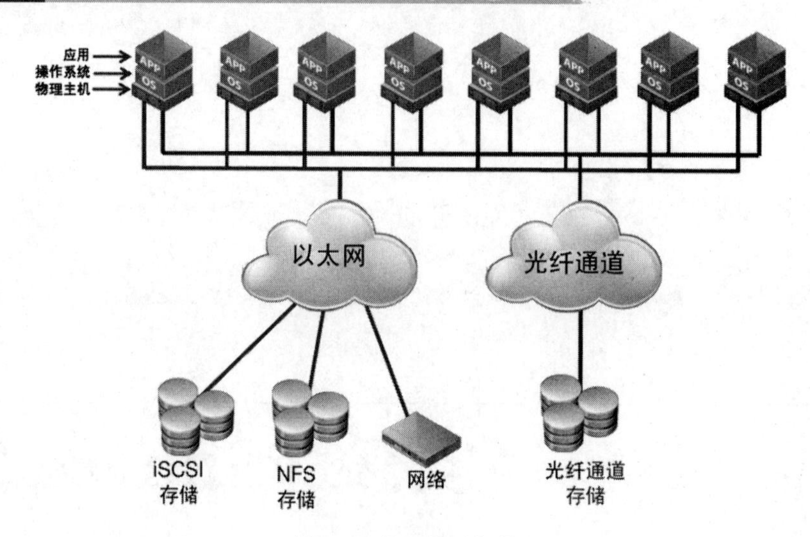

图 1-1 物理基础架构

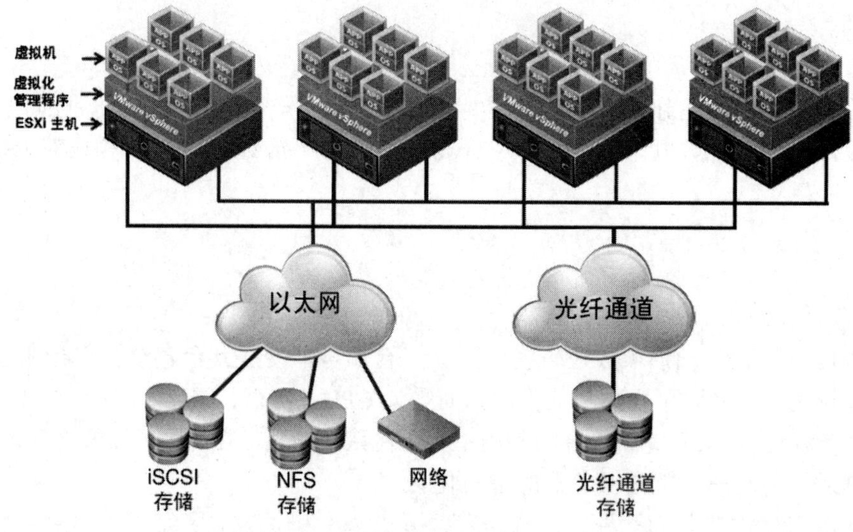

图 1-2 虚拟基础架构

VMware 推出了 vSphere with Operations Management。此解决方案可将 x86 服务器资源虚拟化，并且提供关键容量和性能管理功能。它可以帮助各种规模的企业以较高的服务级别运行应用并通过提高容量利用率和整合率来最大限度地节约硬件成本。vSphere 体系结构如图 1-3 所示。

2. vSphere 安装和设置简介

vSphere 提供了各种安装和设置选项。为确保成功部署 vSphere，需要了解安装和设置选项以及任务序列。

vSphere 的两个核心组件是 VMware ESXi 和 VMware vCenter Server。ESXi 是用于创建和运行虚拟机及虚拟设备的虚拟化平台。vCenter Server 是一种服务平台，充当连接到网络的 ESXi 主机的中心管理员。vCenter Server 可用于将多个主机的资源加入池中并管理这些资源。

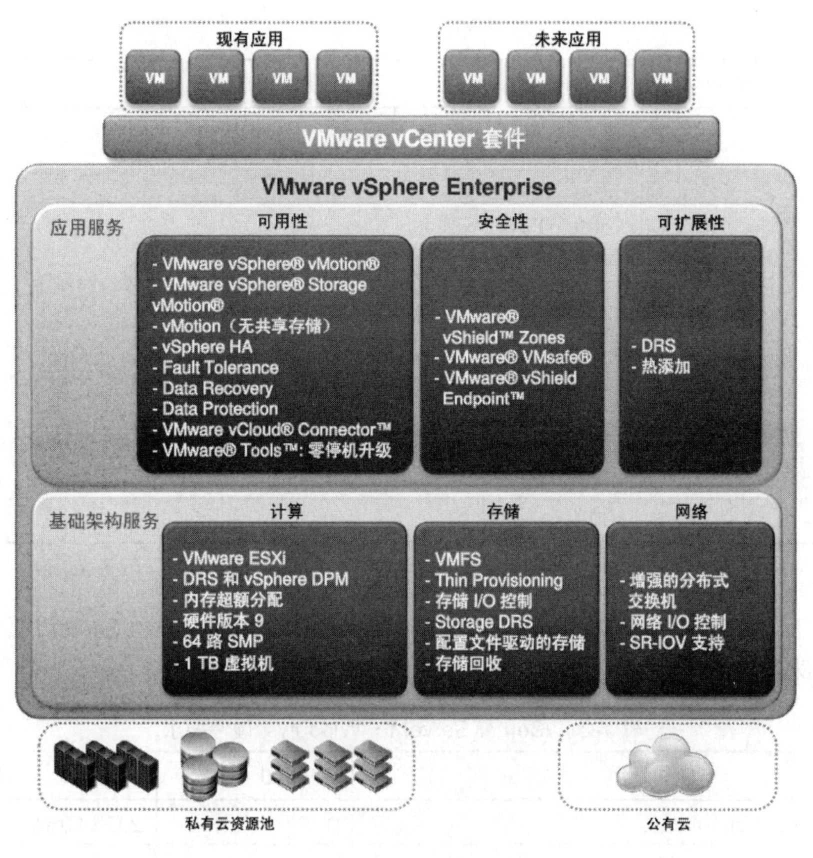

图 1-3　vSphere 体系结构

可以在 Windows 虚拟机或物理服务器上安装 vCenter Server，或者部署 vCenter Server Appliance。vCenter Server Appliance 是预配置的基于 Linux 的虚拟机，对运行的 vCenter Server 及其组件进行了优化。可以在 ESXi 主机 5.0 或更高版本和 vCenter Server 实例 5.0 或更高版本上部署 vCenter Server Appliance。

从 vSphere 6.0 开始，运行的 vCenter Server 及其组件的所有必备服务都在 VMware Platform Services Controller 中进行捆绑。可以部署具有嵌入式或外部 Platform Services Controller 的 vCenter Server，但是必须始终先安装或部署 Platform Services Controller，然后再安装或部署 vCenter Server。

3. vSphere Client 硬件要求

确保 vSphere Client 硬件符合最低要求。

vSphere Client 最低硬件要求和建议如表 1-1 所示。

表 1-1　vSphere Client 最低硬件要求和建议

vSphere Client 硬件	要求和建议
CPU	1CPU
处理器	500MHz 或更快的 Intel 或 AMD 处理器（建议 1GHz）
内存	500MB（建议 1GB）

续表

vSphere Client 硬件	要求和建议
磁盘存储	完整安装需要 1.5GB 可用磁盘空间，安装包括以下组件： Microsoft .NET 2.0 SP2 Microsoft .NET 3.0 SP2 Microsoft .NET 3.5 SP1 Microsoft Visual J# 在要安装 vSphere Client 的系统上，移除以前安装的任何版本的 Microsoft Visual J# vSphere Client 如果尚未安装上述任一组件，则 %temp% 目录所在的驱动器上必须具有 400MB 可用空间 如果已经安装上述所有组件，则 %temp% 目录所在的驱动器上必须具有 300MB 可用空间，对于 vSphere Client 而言，必须具有 450MB 可用空间
网络	建议使用千兆位连接

4. vCenter Server for Windows 硬件要求

在运行 Microsoft Windows 的虚拟机或物理服务器上安装 vCenter Server 时，系统必须满足特定的硬件要求，如表 1-2 所示。

表 1-2 vCenter Server for Windows 硬件要求

使用环境	CPU 数目	内存
Platform Services Controller	2	2 GB RAM
微型环境（最多 10 个主机、100 个虚拟机）	2	8 GB RAM
小型环境（最多 100 个主机、1000 个虚拟机）	4	16GB RAM
中型环境（最多 400 个主机、4000 个虚拟机）	8	24 GB RAM
大型环境（最多 1000 个主机、10000 个虚拟机）	16	32 GB RAM

5. vCenter Server for Windows 软件要求

确保操作系统支持 vCenter Server。

vCenter Server 要求使用 64 位操作系统，因为 vCenter Server 需要使用 64 位系统 DSN 才能连接到外部数据库。

vCenter Server 支持的 Windows Server 最早版本是 Windows Server 2008 SP2，Windows Server 必须已安装最新更新和修补的程序。有关支持的操作系统的完整列表请参见 http://kb.vmware.com/kb/2091273。

6. vCenter Server for Windows 数据库要求

vCenter Server 需要使用数据库存储和组织服务器数据。

每个 vCenter Server 实例必须具有其自身的数据库。对于最多使用 20 台主机、200 个虚拟机的环境，可以使用捆绑的 PostgreSQL 数据库，vCenter Server 安装程序可在 vCenter Server 安装期间安装和设置该数据库。较大规模的安装要根据环境大小提供一个受支持的外部数据库。

在 vCenter Server 安装或升级期间，必须选择安装嵌入式数据库或将 vCenter Server 系统指向任何现有的受支持的数据库。vCenter Server 支持 Oracle 和 Microsoft SQL Server 数据库。有关其所支持的数据库服务器版本的信息，请参见 http://www.vmware.com/resources/compatibility/sim/interop_matrix.php 上的 VMware 产品互操作性列表。

任务 1　安装 vSphere Client

任务描述

安装 vSphere Client 组件，可以管理 EXSi 主机。

任务实施

（1）双击运行 vSphere Client 安装程序。安装界面（1）如图 1-4 所示。

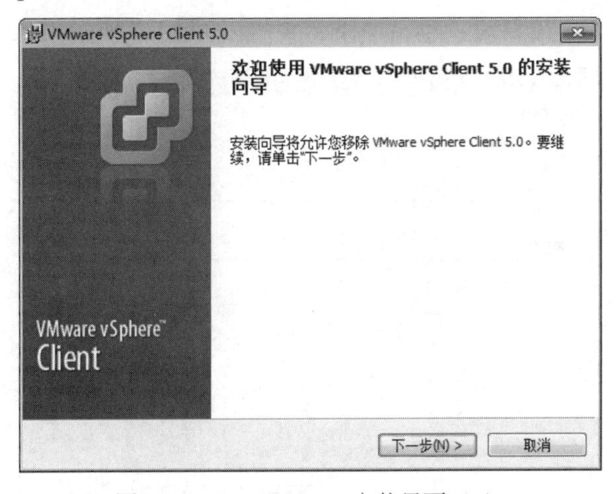

图 1-4　vSphere Client 安装界面（1）

（2）在 vSphere Client 最终用户专利协议窗口中，单击“下一步”，如图 1-5 所示。

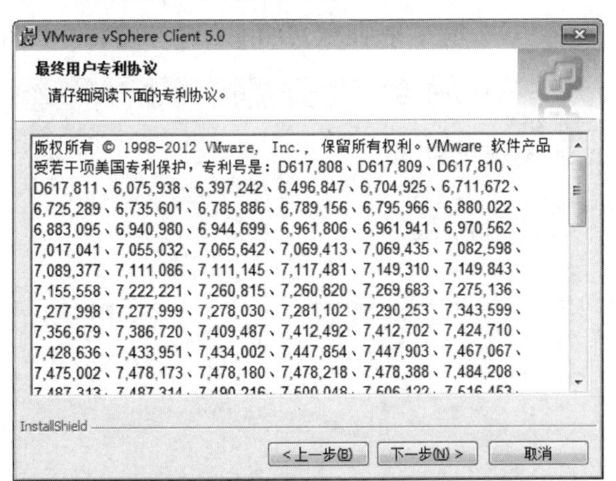

图 1-5　vSphere Client 安装界面（2）

（3）同意许可协议中的条款，单击“下一步”，如图 1-6 所示。

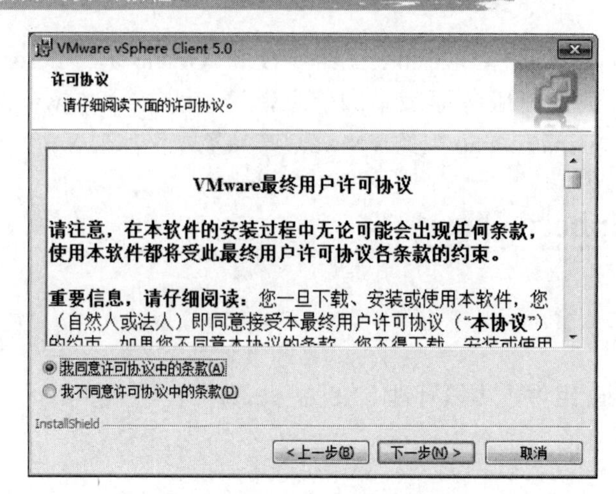

图 1-6　vSphere Client 安装界面（3）

（4）输入用户名和单位信息，单击“下一步”，如图 1-7 所示。

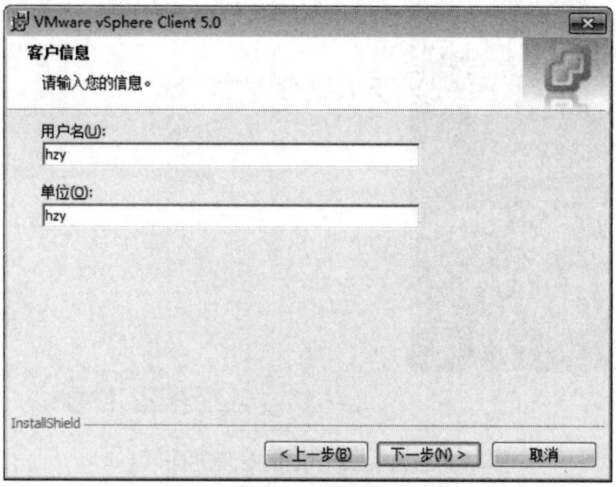

VMware vSphere Client 5.0
客户信息
请输入您的信息。
用户名(U):
hzy
单位(O):
hzy
InstallShield
<上一步(B)　下一步(N) >　取消

图 1-7　vSphere Client 安装界面（4）

（5）此后，一直单击“下一步”，按照默认的配置进行安装，如图 1-8 和图 1-9 所示。

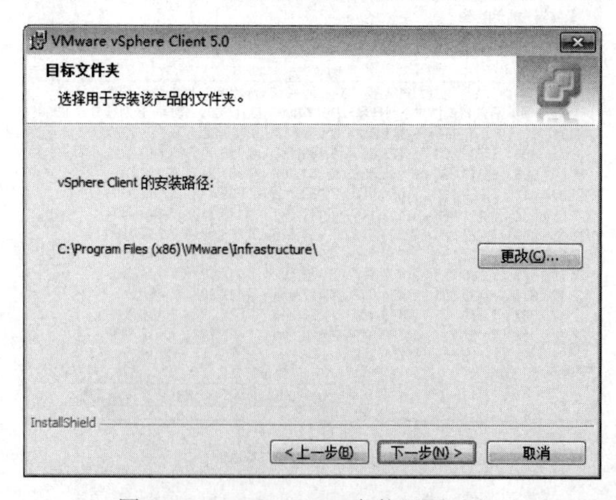

图 1-8　vSphere Client 安装界面（5）

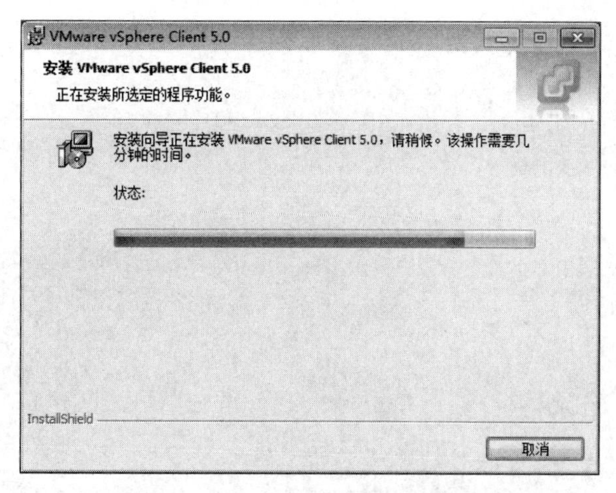

图 1-9　vSphere Client 安装界面（6）

（6）运行 vSphere Client，在“IP 地址/名称：”栏中填入 ESXi 主机的 IP 地址，在“用户名：”栏填入 ESXi 主机的用户名（默认为 root），在“密码：”栏填入 ESXi 主机对应用户名的密码。单击“登录”即可管理 ESXi 主机，如图 1-10 所示。

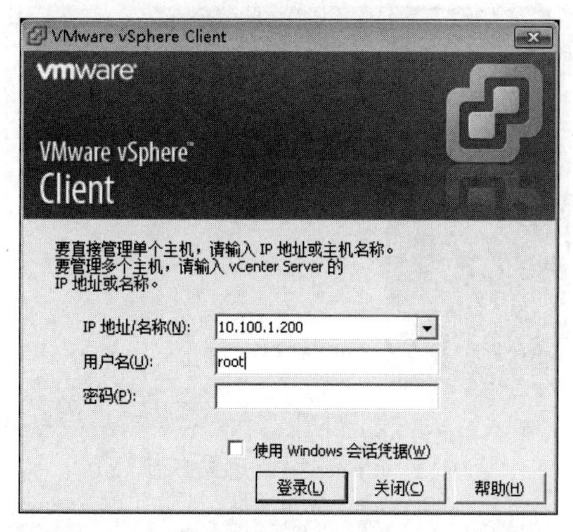

图 1-10　vSphere Client 登录 ESXi 主机界面

任务 2　安装 vCenter

任务描述

安装 vCenter5，可以对多台 EXSi 主机进行集群、高可用、容错等配置与管理。

任务实施

（1）在 Win2008 虚拟机中挂载 vCenter5 的安装镜像，运行 vCenter5 安装程序，如图 1-11 所示。选择“vCenter Server”进行安装。

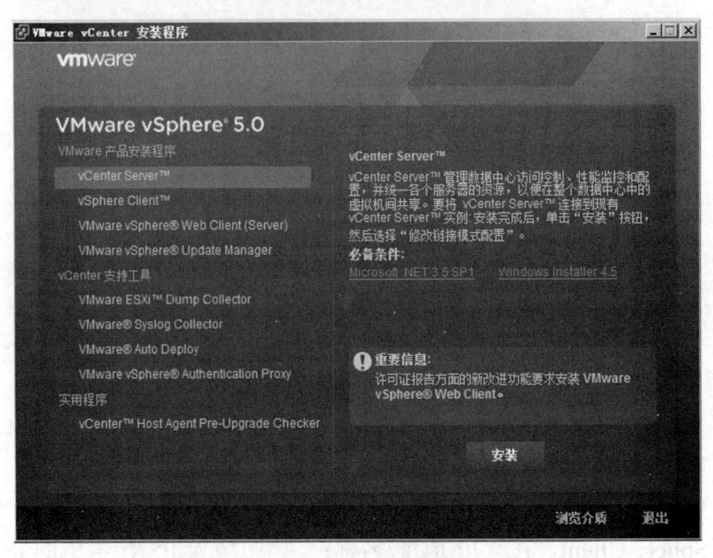

图 1-11　vCenter Server 安装界面（1）

（2）按照默认设置，单击“下一步”进行安装，如图 1-12 和图 1-13 所示。

图 1-12　vCenter Server 安装界面（2）

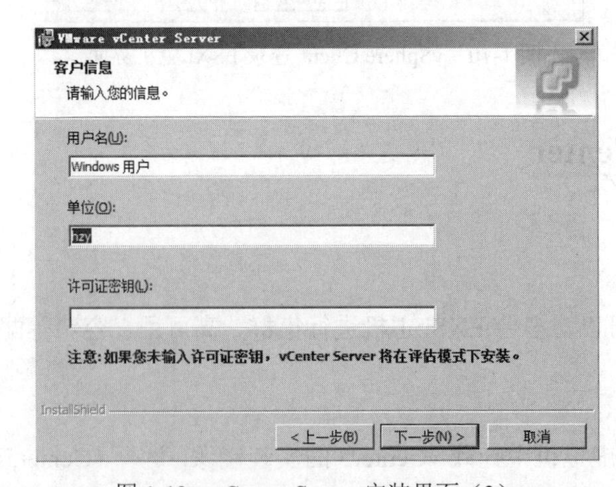

图 1-13　vCenter Server 安装界面（3）

（3）选择“安装 Microsoft SQL Server 2008 Express 实例”，如图 1-14 所示。

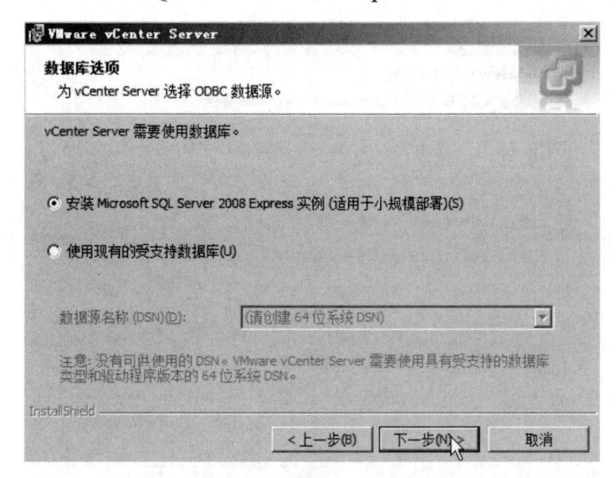

图 1-14　vCenter Server 安装界面（4）

（4）选择“使用 SYSTEM 账户”，如图 1-15 所示。

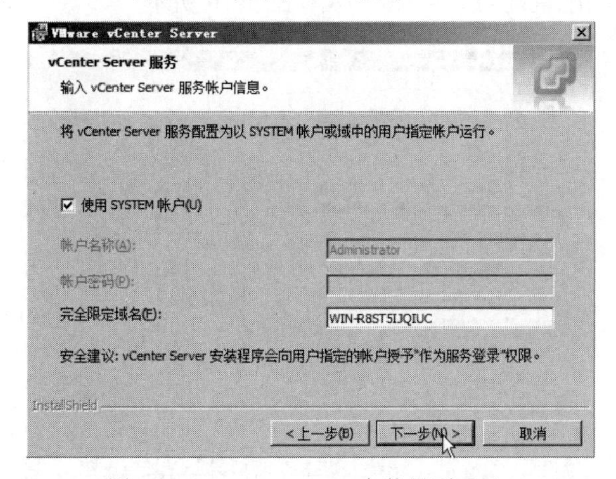

图 1-15　vCenter Server 安装界面（5）

（5）弹出“无法解析此完全限定域名……”提示，单击“确定”，如图 1-16 所示。

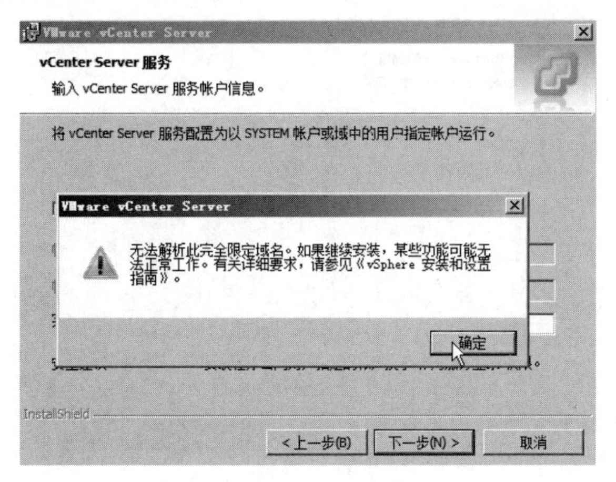

图 1-16　vCenter Server 安装界面（6）

（6）选择“创建独立 VMware vCenter Server 实例”，如图 1-17 所示。

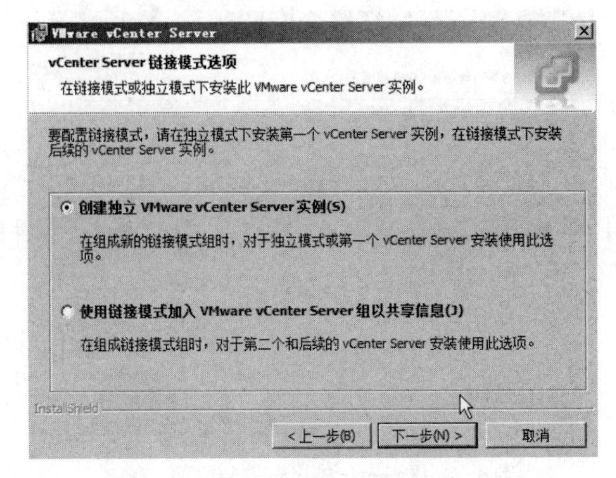

图 1-17　vCenter Server 安装界面（7）

（7）端口按默认的配置即可，如图 1-18 和图 1-19 所示。

VMware vCenter Server
配置端口
输入 vCenter Server 的连接信息。
HTTPS 端口(H): 443
HTTP 端口(T): 80
检测信号端口 (UDP)(E): 902
Web 服务 HTTP 端口(W): 8080
Web 服务 HTTPS 端口(R): 8443
Web 服务更改服务通知端口(A): 60099
LDAP 端口(L): 389
SSL 端口(O): 636
InstallShield
< 上一步(B)　下一步(N) >　取消

图 1-18　vCenter Server 安装界面（8）

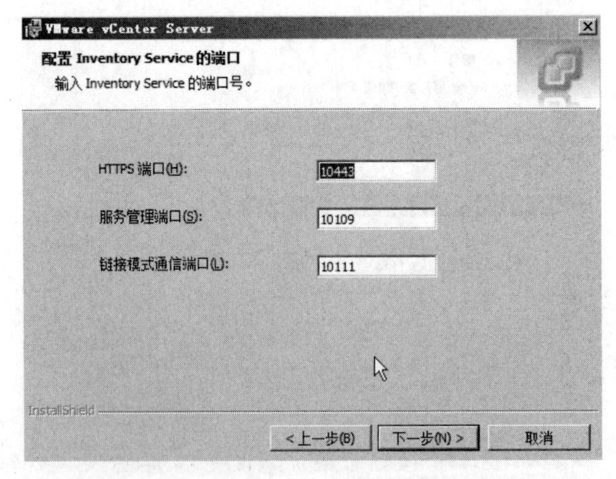

图 1-19　vCenter Server 安装界面（9）

（8）选择内存配置为“小”，如图 1-20 所示。

（9）安装完成，如图 1-21 所示。

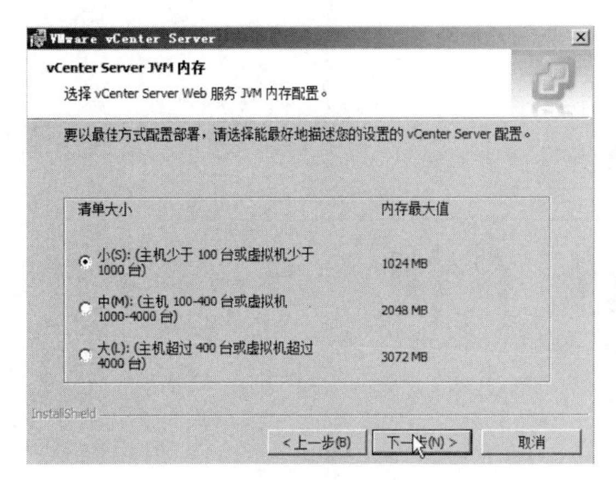

图 1-20　vCenter Server 安装界面（10）

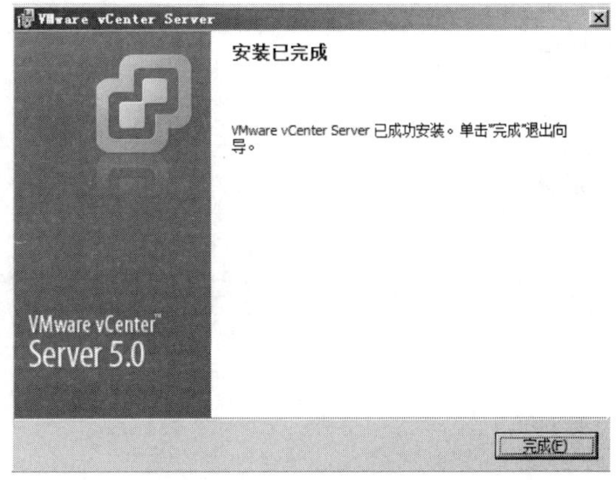

图 1-21　vCenter Server 安装界面（11）

（10）登录 vCenter Server，在“IP 地址/名称：”栏填入 vCenter Server 的 IP 地址（即 Windows Server 2008 的 IP 地址），在“用户名：”栏填入 Windows Server 2008 的用户名（默认为 administrator），在“密码：”栏填入对应用户名的密码（密码为：123@abc）。单击“登录”即可登录 vCenter Server 管理 ESXi 主机，如图 1-22 所示。

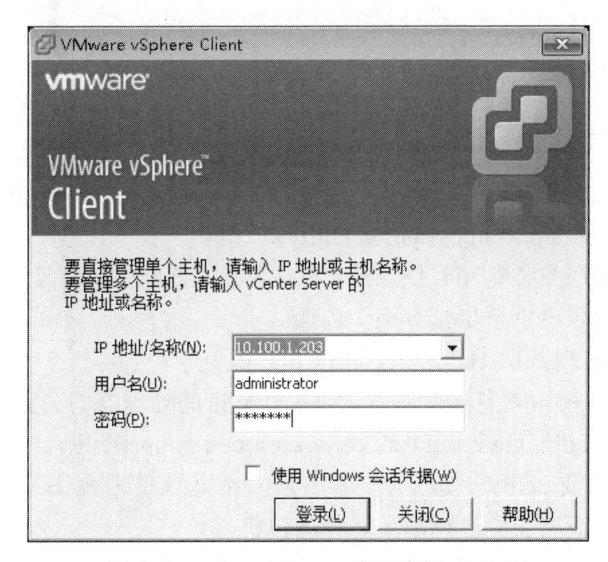

图 1-22　vCenter Server 安装界面（12）

2

安装和管理 ESXi 主机

项目描述

学校信息中心为了充分利用现有的硬件资源，将实施一个虚拟化项目，把原有的 2 台服务器进行虚拟化。在物理服务器上安装 ESXi 5.0 对服务器进行虚拟化。

所需知识

1. ESXi 硬件要求

确保主机符合 ESXi 5.0 支持的最低硬件配置。

2. 硬件和系统资源

要安装和使用 ESXi 5.0，用户的硬件和系统资源必须满足下列要求：

（1）支持的服务器平台。有关受支持的平台的列表请参见《VMware 兼容性指南》，网址为 http://www.vmware.com/resources/compatibility。

（2）ESXi 5.0 仅在安装有 64 位 x86 CPU 的服务器上安装和运行。

（3）ESXi 5.0 要求主机至少具有两个内核。

（4）ESXi 5.0 仅支持 LAHF 和 SAHF CPU 指令。

（5）ESXi 支持多种 x64 多核处理器。有关受支持的处理器的完整列表请参见《VMware 兼容性指南》，网址为 http://www.vmware.com/resources/compatibility。

（6）ESXi 至少需要 2GB 的物理 RAM。VMware 建议使用 8GB 的 RAM，以便能够充分利用 ESXi 的功能，并在典型生产环境下运行虚拟机。

（7）要支持 64 位虚拟机，x64 CPU 必须能够支持硬件虚拟化（Intel VT-x 或 AMD RVI）。

（8）一个或多个千兆或 10GB 以太网控制器。有关受支持的网络适配器型号的列表请参见《VMware 兼容性指南》，网址为 http://www.vmware.com/resources/compatibility。

（9）一个或多个以下控制器的任意组合。

① 基本 SCSI 控制器。Adaptec Ultra-160 或 Ultra-320、LSI Logic Fusion-MPT 或者大部分 NCR/Symbios SCSI。

② RAID 控制器。Dell PERC（Adaptec RAID 或 LSI MegaRAID）、HP Smart Array RAID 或 IBM (Adaptec) ServeRAID 控制器。

（10）SCSI 磁盘或包含未分区空间用于虚拟机的本地（非网络）RAID LUN。

（11）对于串行 ATA（SATA），有一个通过支持的 SAS 控制器或支持的板载 SATA 控制器连接的磁盘。SATA 磁盘将被视为远程、非本地磁盘，默认情况下，这些磁盘将用作暂存分区，因为它们被视为远程磁盘。

3. 存储系统

ESXi 5.0 支持安装在以下存储系统或从其进行引导：

（1）SATA 磁盘驱动器。SATA 磁盘驱动器通过受支持的 SAS 控制器或受支持的板载 SATA 控制器连接。

（2）受支持的 SAS 控制器包括：

LSI1068E（LSISAS3442E）

LSI1068（SAS 5）

IBM ServeRAID 8K SAS 控制器

Smart Array P400/256 控制器

Dell PERC 5.0.1 控制器

（3）支持的板载 SATA 包括：

Intel ICH9

NVIDIA MCP55

ServerWorks HT1000

注：ESXi 不支持使用主机服务器上的本地、内部 SATA 驱动器创建在多个 ESXi 主机之间进行共享的 VMFS 数据存储。

（4）串行连接 SCSI（SAS）磁盘驱动器。支持安装 ESXi 5.0 及将虚拟机存储在 VMFS 分区上。

（5）光纤通道或 iSCSI 上的专用 SAN 磁盘。

（6）USB 设备。支持安装 ESXi 5.0。有关受支持的 USB 设备的列表请参见《VMware 兼容性指南》，网址为 http://www.vmware.com/resources/compatibility。

4. ESXi 引导要求

vSphere 5.0 支持从统一可扩展固件接口（UEFI）引导 ESXi 主机。可以使用 UEFI 从硬盘驱动器、CD-ROM 驱动器或 USB 介质引导系统。使用 VMware Auto Deploy 进行网络引导或置备需要旧版 BIOS 固件，且对于 UEFI 不可用。

5. 适用于 ESXi 5.0 安装的存储要求

要安装 ESXi 5.0，至少需要容量为 1GB 的引导设备。如果从本地磁盘或 SAN/iSCSI LUN 进行引导，则需要 5.2GB 的磁盘，以便可以在引导设备上创建 VMFS 卷和 4GB 的暂存分区。如果使用较小的磁盘或 LUN，则安装程序将尝试在一个单独的本地磁盘上分配暂存区域。如果找不到本地磁盘，则暂存分区 /scratch 将位于 ESXi 主机 ramdisk 上，并链接至 /tmp/scratch。用户可以重新配置 /scratch 以使用单独的磁盘或 LUN。为获得最佳性能和内存优化，VMware 建议不要将 /scratch 放置在 ESXi 主机 ramdisk 上。

6. ESXi 对 64 位客户机操作系统的支持

ESXi 为多个 64 位客户机操作系统提供支持。有关 ESXi 所支持的操作系统的完整列表请参见《VMware 兼容性指南》，网址为 http://www.vmware.com/resources/compatibility/search.php。

对使用 64 位客户机操作系统运行虚拟机的主机有下列硬件要求：

（1）对于基于 AMD Opteron 的系统，处理器必须为 Opteron Rev E 或更高版本。

（2）对于基于 Intel Xeon 的系统，处理器必须包括对 Intel 的 Virtualization Technology (VT) 的支持。许多 CPU 支持 VT 的服务器可能默认禁用 VT，因此必须手动启用 VT。如果 CPU 支持 VT 但在 BIOS 中看不到此选项，请联系供应商以获得可启用 VT 支持的 BIOS 版本。

要确定服务器是否支持 64 位 VMware，可以从 VMware 网站下载 CPU 识别实用程序。

任务 1　安装 ESXi 5.0

任务描述

检测 ESXi 5.0 安装环境是否满足 ESXi 5.0 安装要求。同时，安装 ESXi 5.0 实现服务器虚拟化功能。

注：在物理机的 BIOS 中要开启虚拟化支持。

任务实施

（1）在 VMware Workstation 中新建一个虚拟机，将光盘中的 cpuid.iso 挂载到虚拟机的 CD/DVD 中，同时将处理器的虚拟化引擎的第 2 个选项选上，如图 2-1 所示。

图 2-1　虚拟机环境准备

（2）开启虚拟机，稍等片刻进入检测界面，检测结果如图 2-2 所示。

```
Random_Init: Using random seed: 0x9b2427327
Reporting CPUID for 1 logical CPU...

    Family: 06 Model: 3a Stepping: 9

    ID1ECX     ID1EDX     ID81ECX    ID81EDX
    0xb4ba2223 0x0fabfbff 0x00000001 0x28100000

Vendor                       : Intel
Brand String                 : "         Intel(R) Core(TM) i3-3240 CPU @ 3.40GHz"
SSE Support                  : SSE1, SSE2, SSE3, SSSE3, SSE4.1, SSE4.2
Supports NX / XD             : Yes
Supports CMPXCHG16B          : Yes
Supports RDTSCP              : Yes
Hyperthreading               : No
Supports Flex Migration      : No
Supports 64-bit Longmode     : Yes
Supports 64-bit VMware       : Yes
Supported EVC modes          : None

PASS: Test 56983: CPUID
Press any key to reboot.
```

图 2-2　CPU 虚拟化参数检测结果

（3）从图 2-2 中的参数可知，虚拟机的 CPU 支持 VMware 虚拟化，挂载 ESXi 5.0 的系统镜像。启动虚拟机（虚拟机的内存最低为 2G，否则，将无法安装 ESXi 5.0），进入 ESXi 5.0 的启动界面，直接按回车键进入安装界面，如图 2-3 至图 2-5 所示。

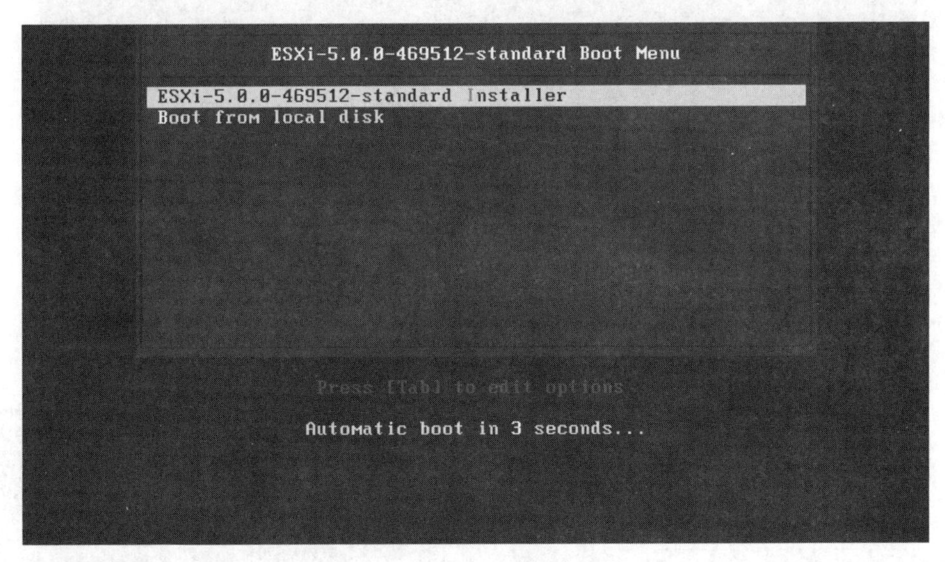

图 2-3　ESXi 5.0 安装界面（1）

（4）加载了必要的安装文件后，出现欢迎界面按回车继续，如图 2-6 所示。用户许可界面按 F11 键继续，如图 2-7 所示。以后出现的界面按回车键或 F11 键继续安装，如图 2-8 和图 2-9 所示。

（5）设置 ESXi 主机 Root 用户的用户密码，如图 2-10 所示。以后出现的界面按回车键或 F11 键继续安装，如图 2-11 至图 2-13 所示。

VMware ESXi 5.0.0 (VMKernel Release Build 469512)

VMware, Inc. VMware Virtual Platform

2 x Intel(R) Core(TM) i3-3240 CPU @ 3.40GHz
2 GiB Memory

vmkibft loaded successfully.

Running sensord start

图 2-4　ESXi 5.0 安装界面（2）

Loading ESXi installer

Loading /sata-sat.v03
Loading /scsi-aac.v00
Loading /scsi-adp.v00
Loading /scsi-aic.v00
Loading /scsi-bnx.v00
Loading /scsi-fni.v00
Loading /scsi-hps.v00
Loading /scsi-ips.v00
Loading /scsi-lpf.v00
Loading /scsi-meg.v00
Loading /scsi-meg.v01
Loading /scsi-meg.v02
Loading /scsi-mpt.v00
Loading /scsi-mpt.v01
Loading /scsi-mpt.v02
Loading /scsi-qla.v00
Loading /scsi-qla.v01
Loading /uhci-usb.v00
Loading /tools.t00

图 2-5　ESXi 5.0 安装界面（3）

Welcome to the VMware ESXi 5.0.0 Installation

VMware ESXi 5.0.0 installs on most systems but only systems on VMware's Compatibility Guide are supported.

Consult the VMware Compatibility Guide at:
http://www.vmware.com/resources/compatibility

Select the operation to perform.

(Esc) Cancel　　(Enter) Continue

图 2-6　ESXi 5.0 安装界面（4）

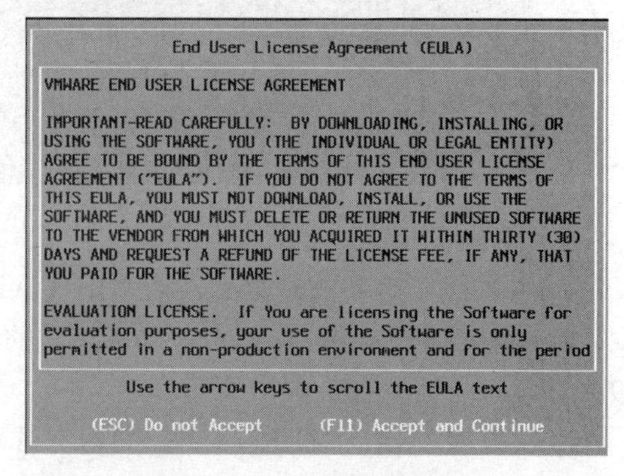

图 2-7　ESXi 5.0 安装界面（5）

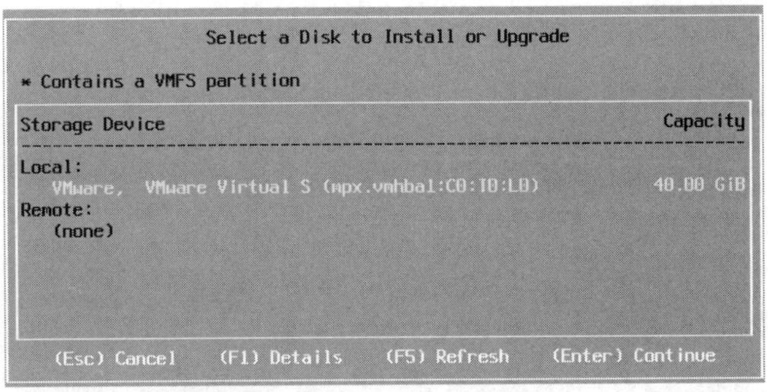

Select a Disk to Install or Upgrade
* Contains a VMFS partition
Storage Device
Capacity
Local:
VMware, VMware Virtual S (mpx.vmhba1:C0:T0:L0)
40.00 GiB
Remote:
(none)
(Esc) Cancel
(F1) Details
(F5) Refresh
(Enter) Continue

图 2-8　ESXi 5.0 安装界面（6）

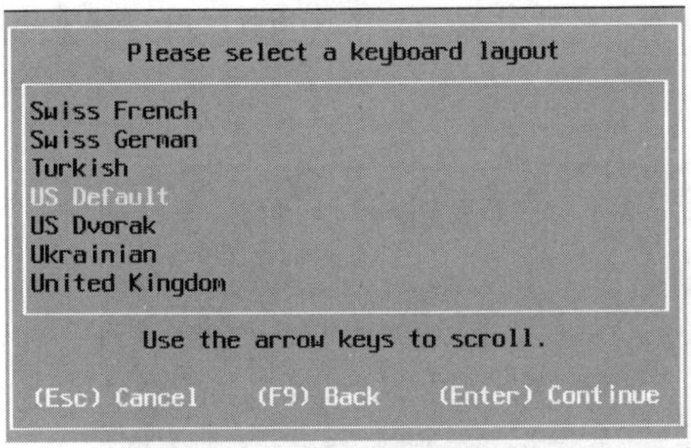

Please select a keyboard layout
Swiss French
Swiss German
Turkish
US Default
US Dvorak
Ukrainian
United Kingdom
Use the arrow keys to scroll.
(Esc) Cancel
(F9) Back
(Enter) Continue

图 2-9　ESXi 5.0 安装界面（7）

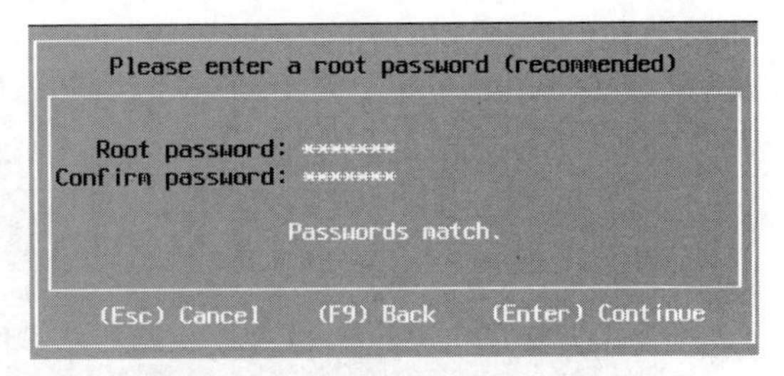

Please enter a root password (recommended)
Root password: *******
Confirm password: *******
Passwords match.
(Esc) Cancel
(F9) Back
(Enter) Continue

图 2-10　ESXi 5.0 安装界面（8）

Error(s)/Warning(s) Found During System Scan
The system encountered the following warning(s).
Warning(s)
<HARDWARE_VIRTUALIZATION WARNING: Hardware Virtualization is not a feature of the CPU, or is not enabled in the BIOS>
Use the arrow keys to scroll
(Esc) Cancel
(F9) Back
(Enter) Continue

图 2-11　ESXi 5.0 安装界面（9）

Confirm Install
The installer is configured to install ESXi 5.0.0 on:
mpx.vmhba1:C0:T0:L0.
Warning: This disk will be repartitioned.
(Esc) Cancel
(F9) Back
(F11) Install

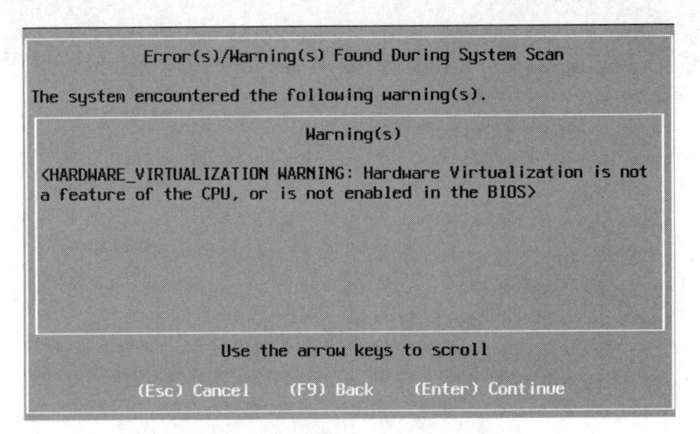

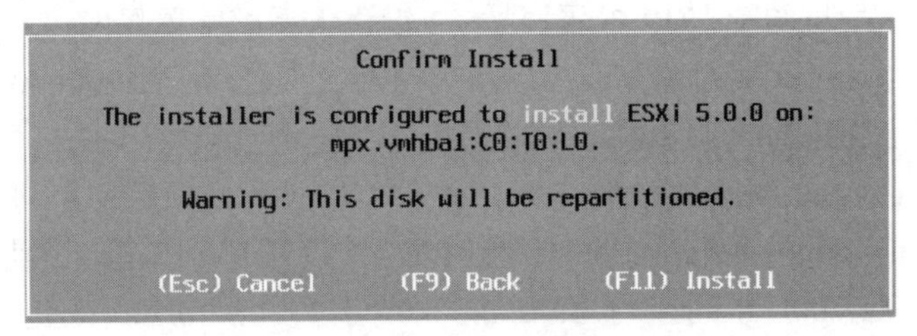

图 2-12　ESXi 5.0 安装界面（10）

Installation Complete

ESXi 5.0.0 has been successfully installed.

ESXi 5.0.0 will operate in evaluation mode for 60 days. To use ESXi 5.0.0 after the evaluation period, you must register for a VMware product license. To administer your server, use the vSphere Client or the Direct Control User Interface.

Remove the installation disc before rebooting.

Reboot the server to start using ESXi 5.0.0.

(Enter) Reboot

图 2-13　ESXi 5.0 安装界面（11）

注：若 CPU 没有开启虚拟化功能，如图 2-14 所示的欢迎界面将不会出现，且会一直卡在启动过程中。

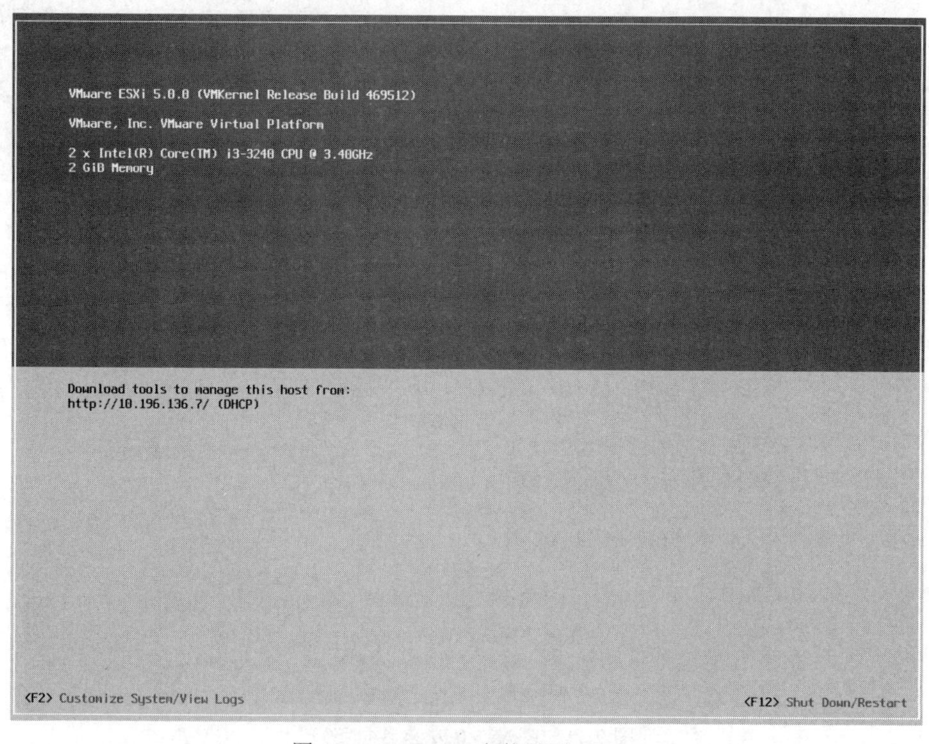

图 2-14　ESXi 5.0 安装界面（12）

（6）设置 ESXi 主机的管理 IP 配置。按 F2 键进入系统配置界面，此时需要认证，输入安装 ESXi 时的用户密码(默认为空)，然后按回车键确认。选择“Configure Management Network（管理网络配置）”，如图 2-15、图 2-16 所示。

（7）选择“IP Configuration（IP 设置）”，如图 2-17 所示。然后使用向下方向键选择“Set static IP address and network configuration（静态 IP 地址设置）”，按空格键使选择生效，然后设置 IP 地址为：10.100.1.200，子网掩码为：255.0.0.0，网关为：10.100.1.1。最后按回车键确认，如图 2-18 所示。

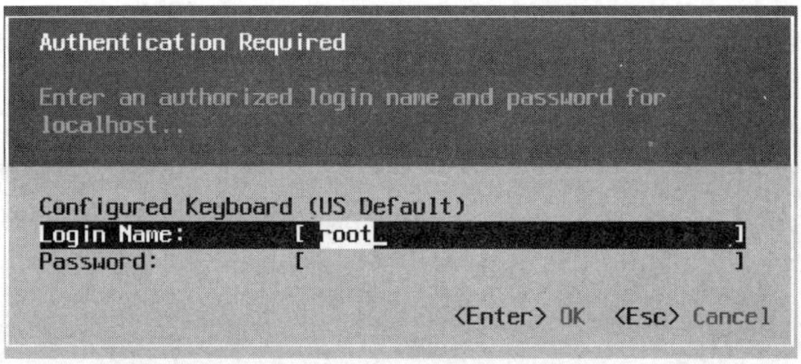

Authentication Required

Enter an authorized login name and password for localhost..

Configured Keyboard (US Default)
Login Name: [root_]
Password: [ ]

<Enter> OK <Esc> Cancel

图 2-15　ESXi 5.0 安装界面（13）

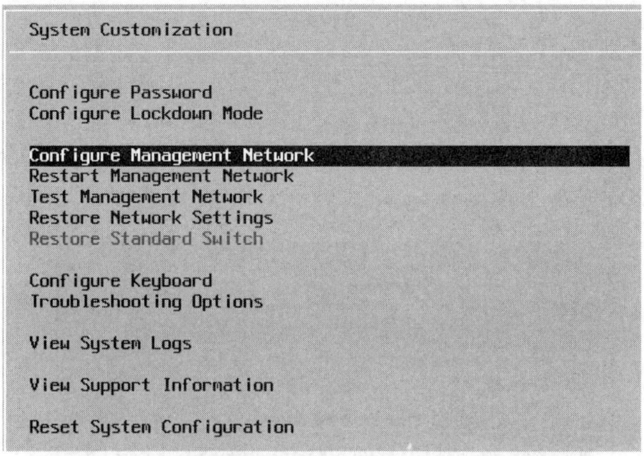

System Customization

Configure Password
Configure Lockdown Mode

Configure Management Network
Restart Management Network
Test Management Network
Restore Network Settings
Restore Standard Switch

Configure Keyboard
Troubleshooting Options

View System Logs

View Support Information

Reset System Configuration

图 2-16　ESXi 5.0 安装界面（14）

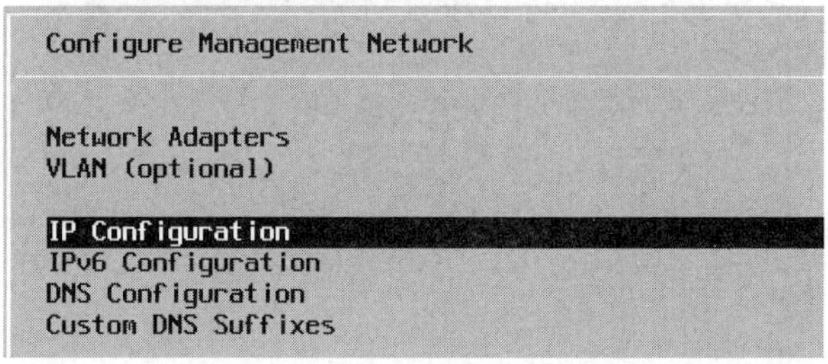

Configure Management Network

Network Adapters
VLAN (optional)

IP Configuration
IPv6 Configuration
DNS Configuration
Custom DNS Suffixes

图 2-17　ESXi 5.0 安装界面（15）

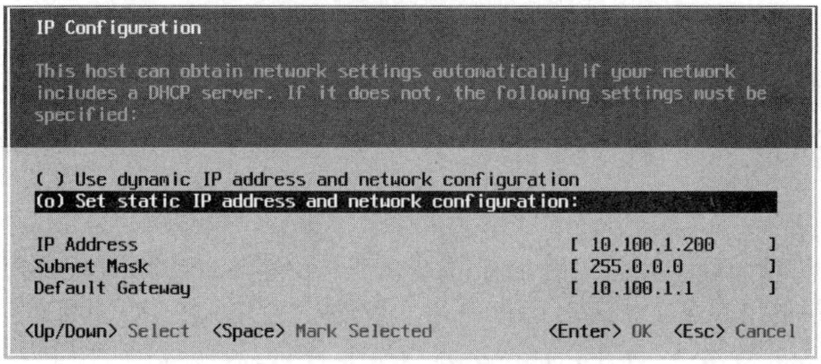

IP Configuration

This host can obtain network settings automatically if your network includes a DHCP server. If it does not, the following settings must be specified:

( ) Use dynamic IP address and network configuration
(o) Set static IP address and network configuration:

IP Address [10.100.1.200]
Subnet Mask [255.0.0.0]
Default Gateway [10.100.1.1]

<Up/Down> Select <Space> Mark Selected <Enter> OK <Esc> Cancel

图 2-18　ESXi 5.0 安装界面（16）

（8）按 Esc 键退出 IP 配置界面，此时，出现确认提示。输入“y”进行确认，如图 2-19 所示。

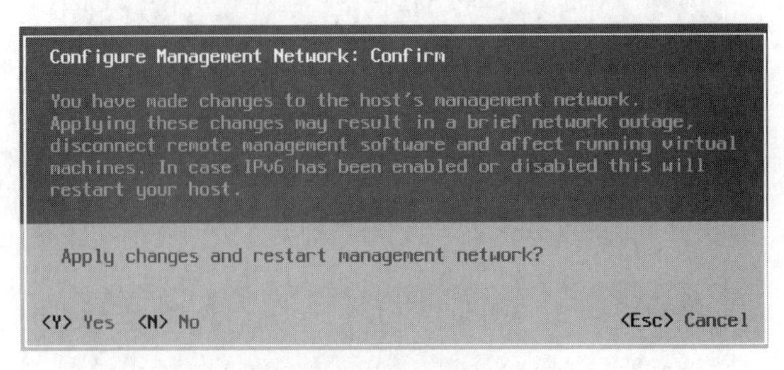

图 2-19　ESXi 5.0 安装界面（17）

（9）管理 IP 地址配置结果，如图 2-20 所示。可以使用 vSphere Client 对该 ESXi 主机使用 IP 地址 10.100.1.200 进行管理。

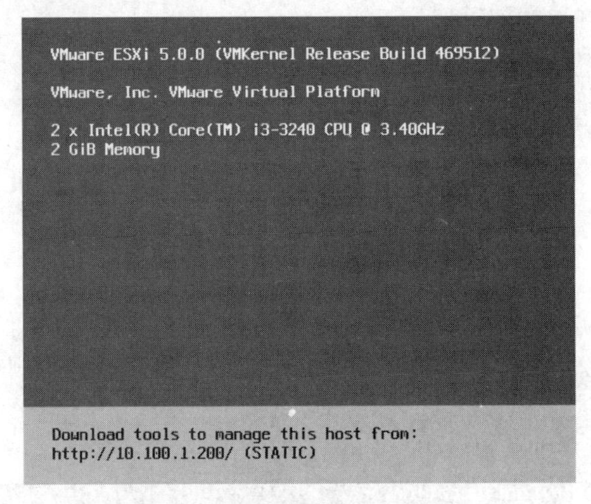

图 2-20　ESXi 5.0 安装界面（18）

任务 2　使用 vSphere Client 管理 ESXi 主机

任务描述

运行 vSphere Client 登录 EXSi 主机，对主机的配置等选项进行配置。

任务实施

（1）运行 vSphere Client，在“IP 地址/名称：”栏填入 ESXi 主机的 IP 地址，在“用户名：”栏填入 ESXi 主机的用户名（默认为 root），在“密码：”栏填入 ESXi 主机对应用户名的密码。单击“登录”即可管理 ESXi 主机，如图 2-21 所示。

（2）若 vSphere Client 和 ESXi 主机通信正常，且用户名和密码正确，此时，会弹出一个

“证书警告”对话框，单击“忽略”，如图 2-22 所示。

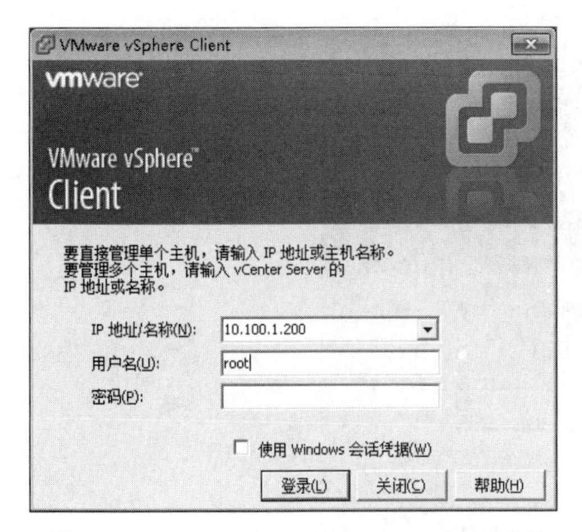

图 2-21　vSphere Client 登录 ESXi 主机界面

图 2-22　“证书警告”对话框

（3）登录进入 ESXi 主机，选择“主页”→“清单”→“清单”，可以对 ESXi 主机中的“虚拟机”“资源分配”“性能”进行管理，如图 2-23 所示。

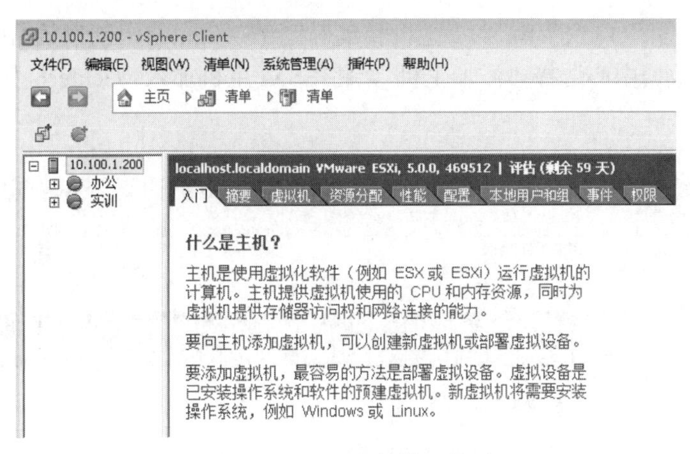

图 2-23　ESXi 主机管理界面

任务 3　使用 vCenter Server 管理 ESXi 主机

任务描述

运行 vSphere Client 登录 vCenter Server 管理 EXSi 主机，对多台主机的配置选项进行配置。

任务实施

（1）登录 vCenter Server，在“IP 地址/名称：”栏填入 vCenter Server 的 IP 地址（即 Windows Server 2008 的 IP 地址），在“用户名：”栏填入 Windows Server 2008 的用户名（默认为 administrator），在“密码：”栏填入对应用户名的密码（密码为：123@abc）。单击“登录”即

可登录 vCenter Server 管理 ESXi 主机，如图 2-24 所示。

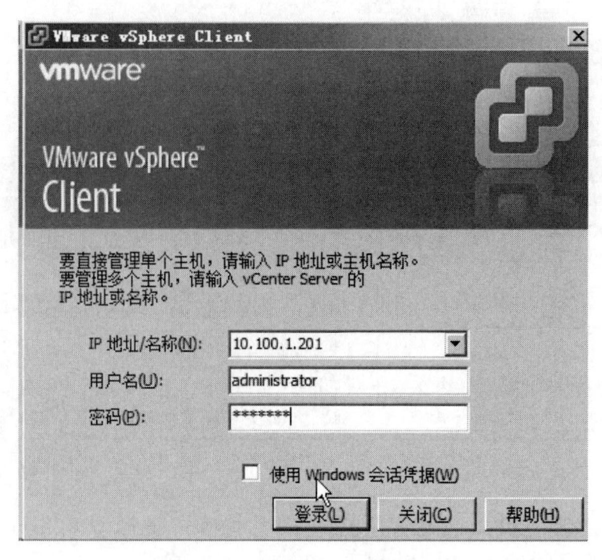

图 2-24　登录 vCenter Server

（2）选择“主页”→“清单”→“主机和集群”，在 vCenter 中创建数据中心，命名为“电信学院”，右击该数据中心选择“添加主机”，将 ESXi 主机加入 vCenter，如图 2-25、图 2-26 所示。

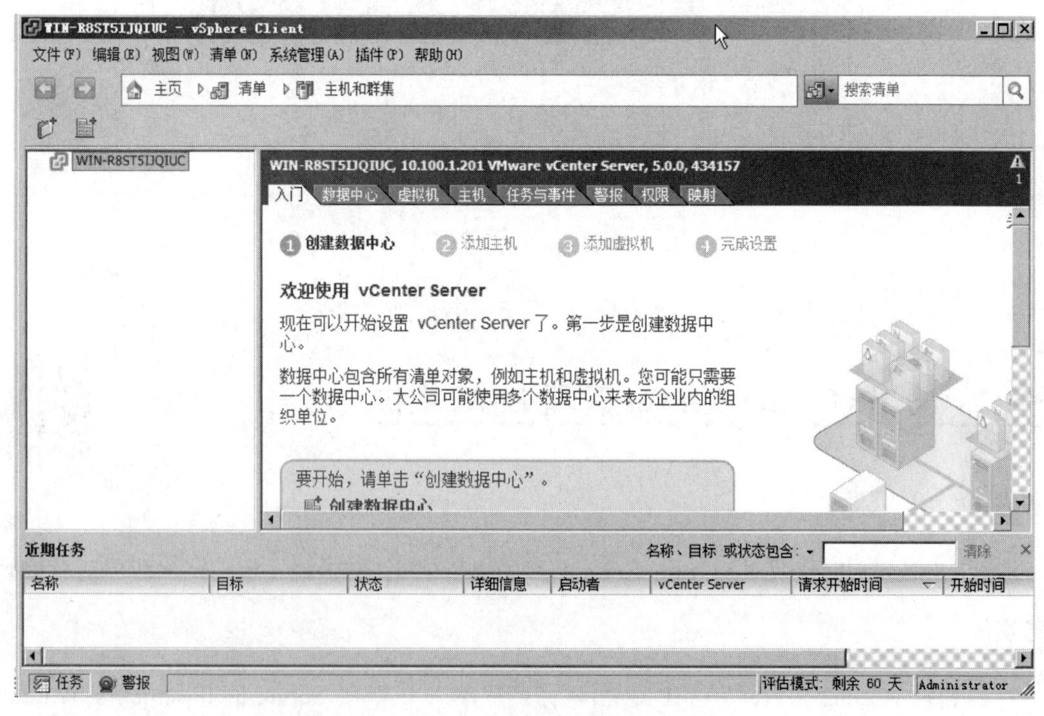

图 2-25　vCenter Server 管理界面

（3）填入主机的 IP 地址和用户密码，如图 2-27 所示。

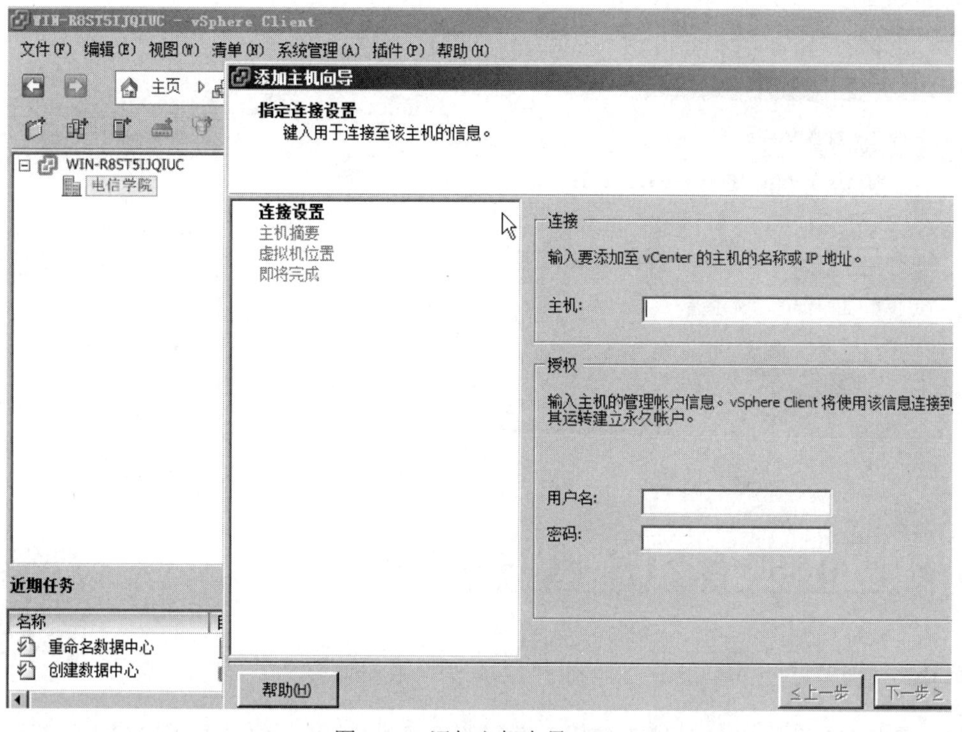

图 2-26　添加主机向导（1）

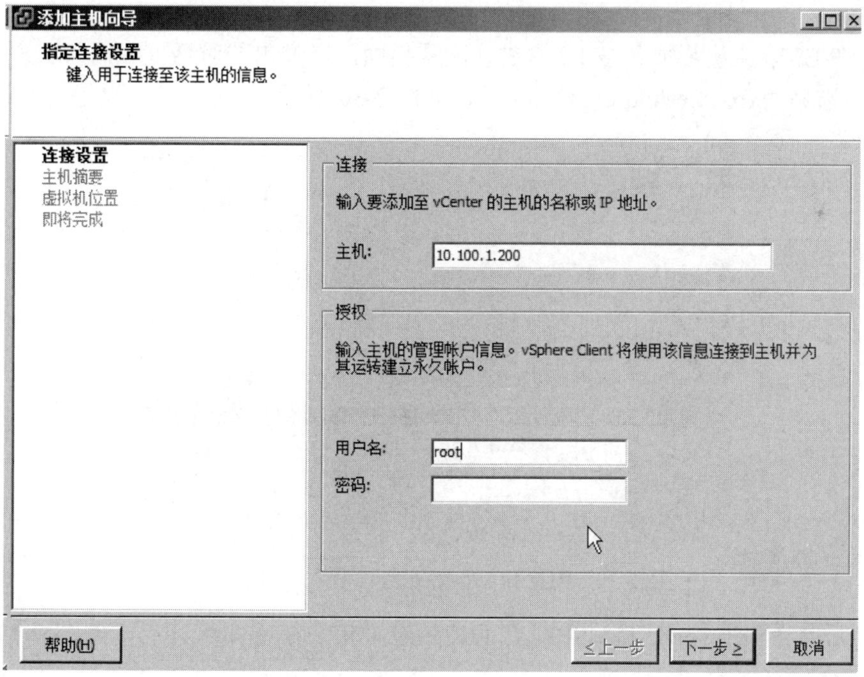

图 2-27　添加主机向导（2）

（4）弹出“安全警示”提示框，单击“是”，接下来一直单击“下一步”，按照默认的配置选项设置 ESXi 主机，如图 2-28 所示。

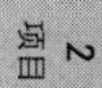

（5）添加主机完成，如图 2-29 所示。

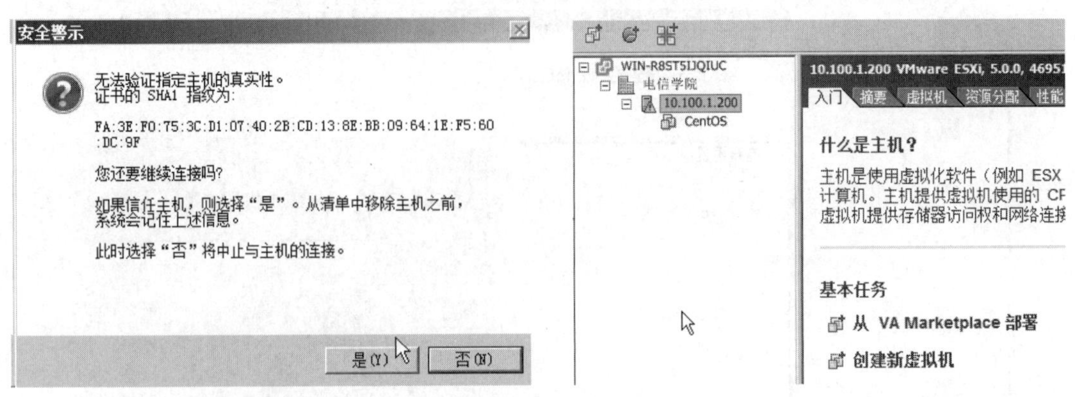

图 2-28　添加主机向导（3）　　　　图 2-29　添加主机完成界面

任务 4　使用 SSH 命令行管理 ESXi 主机

任务描述

开启 ESXi 主机的 SSH 功能，使用命令行的形式对 ESXi 主机的配置选项进行配置。

任务实施

（1）在 ESXi 主机界面，按 F2 键进入配置界面，在弹出的对话框中输入用户名和密码。在配置界面选择“Troubleshooting Options”，如图 2-30 所示。

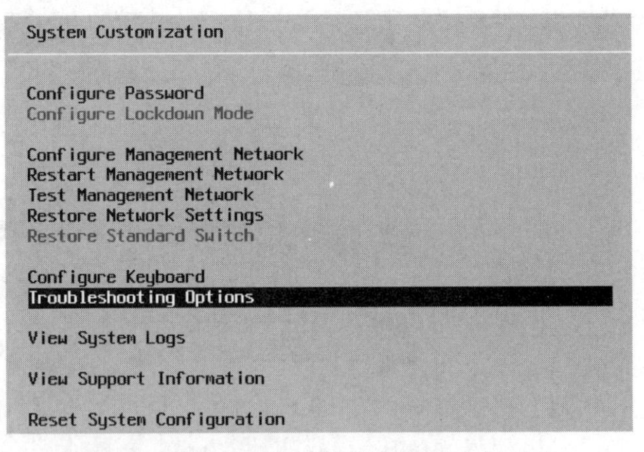

图 2-30　配置 SSH 命令行管理 ESXi 主机（1）

（2）开启 ESXi Shell 和 SSH。在对应的选项按回车键即可开启，如图 2-31、图 2-32 所示。

（3）使用 SecureCRT 连接 ESXi 主机，单击“Quick Connect（快速连接）”按钮，在弹出的对话框中填入 ESXi 主机 IP 地址等相关信息，单击“Connect（连接）”，如图 2-33、图 2-34 所示。

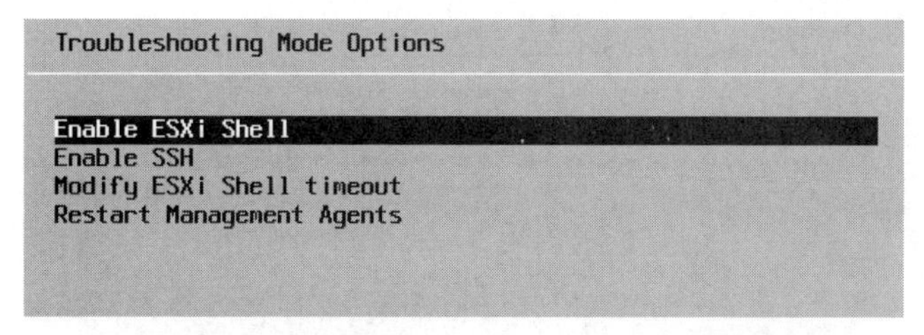

图 2-31　配置 SSH 命令行管理 ESXi 主机（2）

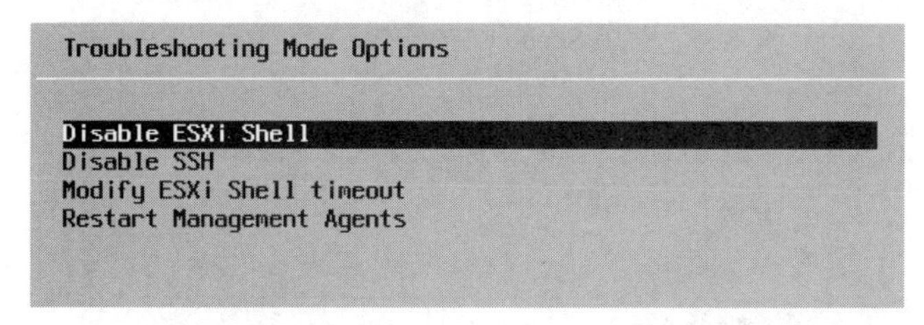

图 2-32　配置 SSH 命令行管理 ESXi 主机（3）

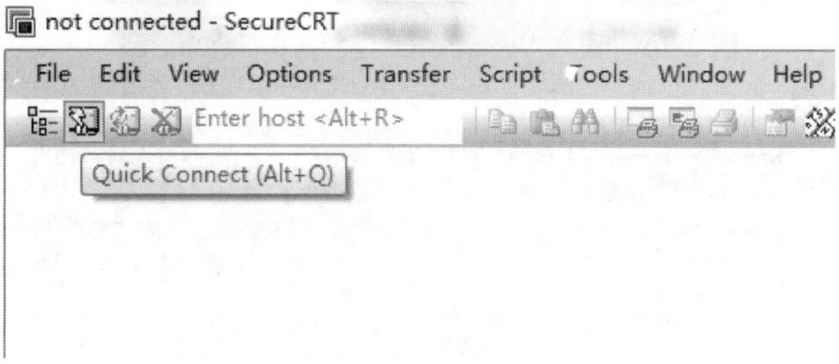

图 2-33　使用 SecureCRT 连接 ESXi 主机（1）

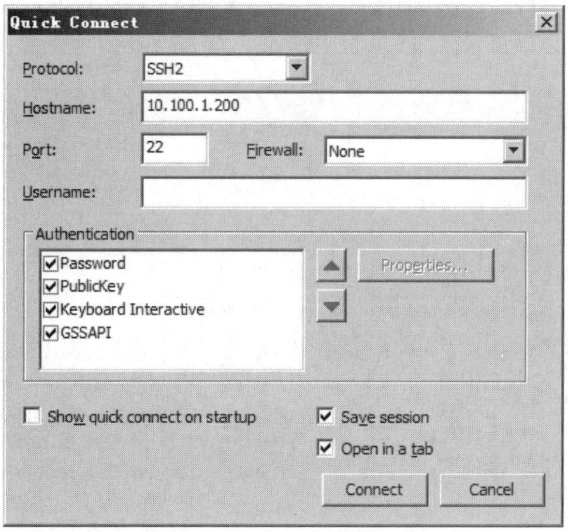

图 2-34　使用 SecureCRT 连接 ESXi 主机（2）

（4）在弹出的“Now Host Key”界面单击“Accept &Save（接受并保存）”，填入 ESXi 主机的用户名（默认为 root）和密码（默认为空），如图 2-35 至图 2-37 所示。

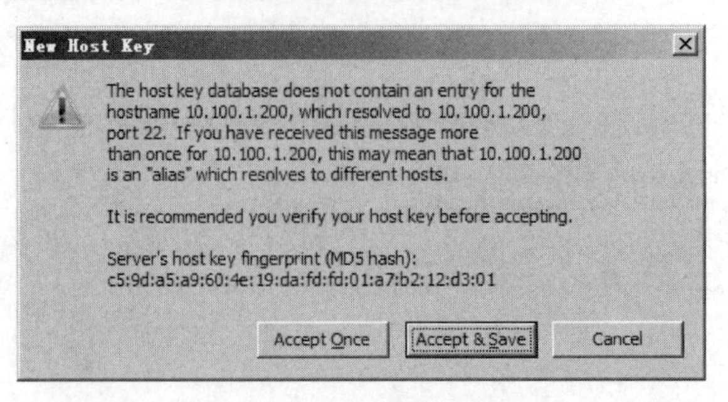

图 2-35　使用 SecureCRT 连接 ESXi 主机（3）

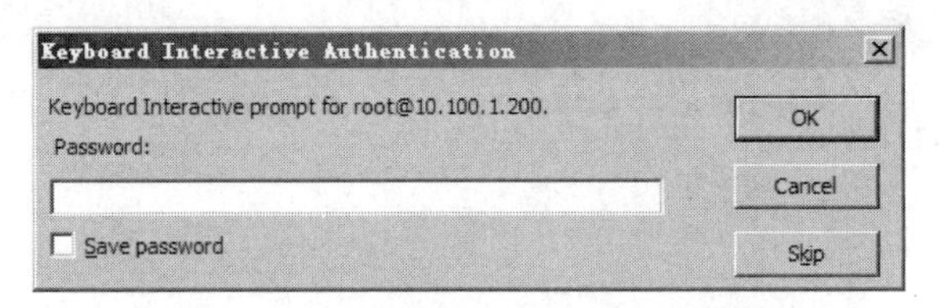

图 2-36　使用 SecureCRT 连接 ESXi 主机（4）

Keyboard Interactive Authentication
Keyboard Interactive prompt for root@10.100.1.200.
Password:
Save password
OK
Cancel
Skip

图 2-37　使用 SecureCRT 连接 ESXi 主机（5）

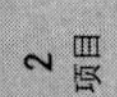

（5）连接成功后，进入 ESXi 主机的命令行界面对 ESXi 主机进行管理，例如可以使用 df 命令查看、检查文件系统的磁盘空间占用情况，如图 2-38 所示。

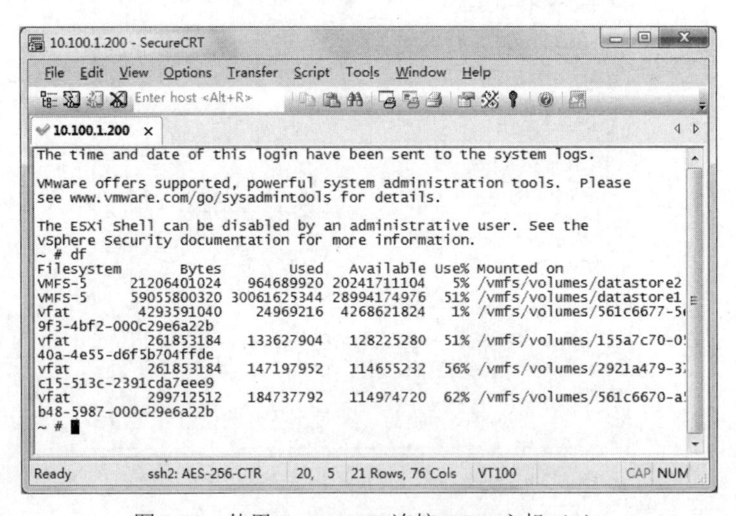

图 2-38　使用 SecureCRT 连接 ESXi 主机（6）

3

创建虚拟机和配置虚拟交换机

项目描述

学校信息中心为了充分利用现有的硬件资源，将实施一个虚拟化项目，把原有的 4 台服务器进行虚拟化。在物理服务器上安装 ESXi 5.0，在安装好的 ESXi 主机中安装虚拟机和虚拟交换机用来提供网络服务。

所需知识

1. 什么是虚拟机

与物理机一样，虚拟机是运行操作系统和应用程序的软件计算机。虚拟机包含一组规范和配置文件，并由主机的物理资源提供支持。每个虚拟机都具有一些虚拟设备，这些设备可提供与物理硬件相同的功能，并且可移植性更强、更安全、更易于管理。

虚拟机包含若干个文件，这些文件存储在存储设备上。关键文件包括配置文件、虚拟磁盘文件、NVRAM 设置文件和日志文件。可以通过 vSphere Web Client、任何一种 vSphere 命令行界面（PowerCLI、vCLI）或 vSphere Web Services SDK 来配置虚拟机设置。虚拟机文件组成及描述如表 3-1 所示。

表 3-1　虚拟机文件组成及描述

文件	使用情况	描述
.vmx	vmname.vmx	虚拟机配置文件
.vmxf	vmname.vmxf	其他虚拟机配置文件
.vmdk	vmname.vmdk	虚拟磁盘特性
-flat.vmdk	vmname-flat.vmdk	虚拟机数据磁盘
.nvram	vmname.nvram 或 nvram	虚拟机 BIOS 或 EFI 配置
.vmsd	vmname.vmsd	虚拟机快照
.vmsn	vmname.vmsn	虚拟机快照数据文件

续表

文件	使用情况	描述
.vswp	vmname.vswp	虚拟机交换文件
.vmss	vmname.vmss	虚拟机挂起文件
.log	vmware.log	当前虚拟机日志文件
-#.log	vmware-#.log（其中 # 表示从 1 开始的编号）	旧的虚拟机日志文件

2. 虚拟机和虚拟基础架构

支持虚拟机的基础架构至少包含两个软件层：虚拟化层和管理层。在 vSphere 中，ESXi 提供虚拟化功能，用于将主机硬件作为一组标准化资源进行聚合并将其提供给虚拟机。虚拟机可以在 ESXi 管理的 vCenter Server 主机上运行。

vCenter Server 可将多个主机的资源加入池中并管理这些资源，而且可以有效监控和管理物理及虚拟基础架构。用户可以管理虚拟机的资源，置备虚拟机，调度任务，收集统计信息日志，创建模板等。vCenter Server 还提供了 vSphere vMotion、vSphere Storage vMotion、vSphere Distributed Resource Scheduler（DRS）、vSphere High Availability（HA）和 vSphere Fault Tolerance。这些服务可实现虚拟机的高效自动化资源管理及高可用性。

VMware vSphere Web Client 是 vCenter Server、ESXi 主机和虚拟机的界面。通过 vSphere Web Client，可以远程连接到 vCenter Server。vSphere Web Client 是用于管理 vSphere 环境各个方面的主要界面。另外，它还提供对虚拟机的控制台访问。

3. 虚拟机生命周期

可以使用多种方法创建虚拟机并将其部署到用户的数据中心。可以创建单个虚拟机，然后在其中安装客户机操作系统和 VMware Tools。可以在现有的虚拟机中克隆、创建模板，或部署 OVF 模板。

使用 vSphere Web Client 新建虚拟机向导以及"虚拟机属性"编辑器，可以添加、配置或移除大多数虚拟机的硬件、选项和资源。可在 vSphere Web Client 中使用性能图表监控 CPU、内存、磁盘、网络和存储衡量指标。使用快照可以捕获虚拟机的状况，包括虚拟机内存、设置和虚拟磁盘。如果需要，还可以回滚至上一个虚拟机状态。

通过 vSphere vApp 可以管理多层应用程序。使用 vSphere Update Manager 可以执行协调升级，且同时升级清单中虚拟机的虚拟硬件和 VMware Tools。

不再需要虚拟机时，可以将其从清单中移除但不会从数据存储中删除，或者可以删除该虚拟机及其所有文件。

4. 虚拟磁盘的置备策略

（1）厚置备延迟置零

以默认的创建格式创建磁盘时，直接从磁盘分配空间，但对磁盘保留数据不置零。所以当有 I/O 操作时，只需要做置零的操作。磁盘性能较好，时间短，适合于作池模式的虚拟桌面。

（2）厚置备置零（thick）

创建群集功能的磁盘时，直接从磁盘分配空间，并对磁盘保留数据置零。所以当有 I/O 操作时，不需要等待，直接执行。磁盘性能最好，时间长，适合于作运行繁重应用业务的虚拟机。

（3）精简置备（thin）

创建磁盘时，占用磁盘的空间大小根据实际使用量计算，即用多少分多少，提前不分配空间，对磁盘保留数据不置零，且最大不超过划分磁盘的大小。精简置备实例如图 3-1 所示。

所以当有 I/O 操作时，需要先分配空间，将空间置零后才能执行 I/O 操作。当有频繁 I/O 操作时，磁盘性能会有所下降。

I/O 操作不频繁时，磁盘性能较好；I/O 操作频繁时，磁盘性能较差。时间短，适合于对磁盘 I/O 操作不频繁的业务应用虚拟机（http://www.mycitrix.cn/esxi-disk-mode.html）。

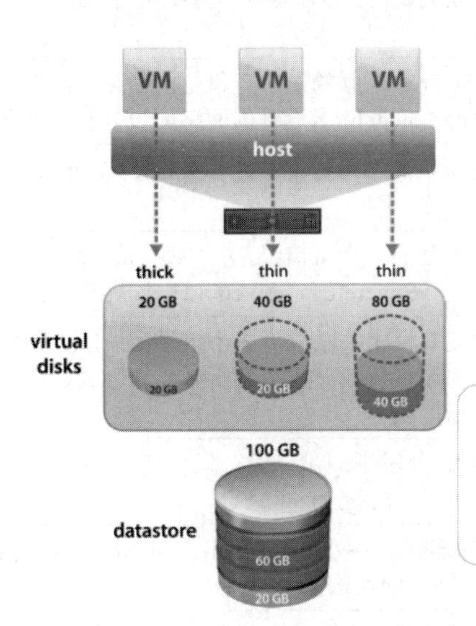

图 3-1　精简置备实例

5. 网络概念概述

一些网络概念对透彻了解虚拟网络至关重要，如表 3-2 所示。

表 3-2　网络概念概述

名称	概念
物理网络	为了使物理机之间能够收发数据而在物理机间建立的网络。VMware ESXi 运行于物理机之上
虚拟网络	在单台物理机上运行的虚拟机之间为了互相发送和接收数据而相互逻辑连接所形成的网络。虚拟机可连接到在添加网络时创建的虚拟网络中
物理以太网交换机	管理物理网络上计算机之间的网络流量。一台交换机可具有多个端口，每个端口都可与网络上的一台计算机或其他交换机连接。可按某种方式对每个端口的行为进行配置，具体配置取决于其所连接的计算机的需求。交换机将会了解到连接其端口的主机，并使用该信息向正确的物理机转发流量。交换机是物理网络的核心，可将多个交换机连接在一起，以形成较大的网络
vSphere 标准交换机	其运行方式与物理以太网交换机十分相似。它检测与其虚拟端口进行逻辑连接的虚拟机，并使用该信息向正确的虚拟机转发流量。可使用物理以太网适配器（也称为上行链路适配器）将虚拟网络连接至物理网络，以将 vSphere 标准交换机连接到物理交换机。此类型的连接类似于将物理交换机连接在一起以创建较大型的网络。即使 vSphere 标准交换机的运行方式与物理交换机十分相似，但它不具备物理交换机所拥有的一些高级功能

续表

名称	概念
标准端口组	标准端口组为每个成员端口指定了诸如带宽限制和 VLAN 标记策略之类的端口配置选项。网络服务通过端口组连接到标准交换机。端口组定义通过交换机连接网络的方式。通常，单个标准交换机与一个或多个端口组关联
vSphere Distributed Switch	它可充当数据中心中所有关联主机的单一交换机，以提供虚拟网络的集中式置备、管理以及监控。用户可以在 vCenter Server 系统上配置 vSphere Distributed Switch，该配置将传播至与该交换机关联的所有主机。这使得虚拟机可在跨多个主机进行迁移时确保其网络配置保持一致
主机代理交换机	驻留在与 vSphere Distributed Switch 关联的每个主机上的隐藏标准交换机。主机代理交换机会将 vSphere Distributed Switch 上设置的网络配置复制到特定主机
分布式端口	连接到主机的 VMkernel 或虚拟机的网络适配器的 vSphere Distributed Switch 上的一个端口
分布式端口组	与 vSphere Distributed Switch 关联的一个端口组，并为每个成员端口指定端口配置选项。分布式端口组可定义通过 vSphere Distributed Switch 连接到网络的方式
网卡成组	当多个上行链路适配器与单个交换机相关联以形成小组时，就会发生网卡成组。小组将物理网络和虚拟网络之间的流量负载分摊给其所有或部分成员，或在出现硬件故障及网络中断时提供被动故障切换
VLAN	VLAN 可用于将单个物理 LAN 分段进一步分段，以便使端口组中的端口互相隔离，如同位于不同物理分段上一样。标准是 802.1Q
VMkernel TCP/IP 网络层	VMkernel 网络层提供与主机的连接，并处理 vSphere vMotion、IP 存储器、Fault Tolerance 和 Virtual SAN 的标准基础架构流量
IP 存储器	将 TCP/IP 网络通信用作其基础的任何形式的存储器。iSCSI 可用作虚拟机数据存储，NFS 可用作虚拟机数据存储并用于直接挂载.ISO 文件，这些文件对于虚拟机显示为 CD-ROM
TCP 分段清除	TCP 分段清除（TSO）可使 TCP/IP 堆栈发出非常大的帧（达到 64KB），即使接口的最大传输单元（MTU）较小也是如此，然后网络适配器将较大的帧分成 MTU 大小的帧，并预置一份初始 TCP/IP 标头的调整后副本

可以在 ESXi 中启用两种类型的网络服务：

（1）将虚拟机连接到物理网络以及相互连接虚拟机。

（2）将 VMkernel 服务（如 NFS、iSCSI 或 vMotion）连接至物理网络。

（3）可以创建名为 vSphere 标准交换机的抽象网络设备。使用标准交换机来提供主机和虚拟机的网络连接。标准交换机可在同一 VLAN 中的虚拟机之间进行内部流量桥接，并链接至外部网络。

6. 标准交换机概览

要提供主机和虚拟机的网络连接，请在标准交换机上将主机的物理网卡连接到上行链路端口。虚拟机具有在标准交换机上连接到端口组的网络适配器（vNIC）。每个端口组可使用一个或多个物理网卡来处理其网络流量。如果某个端口组没有与其连接的物理网卡，则相同端口组上的虚拟机只能彼此进行通信，而无法与外部网络进行通信。

（1）vSphere 标准交换机架构

vSphere 标准交换机架构如图 3-2 所示。

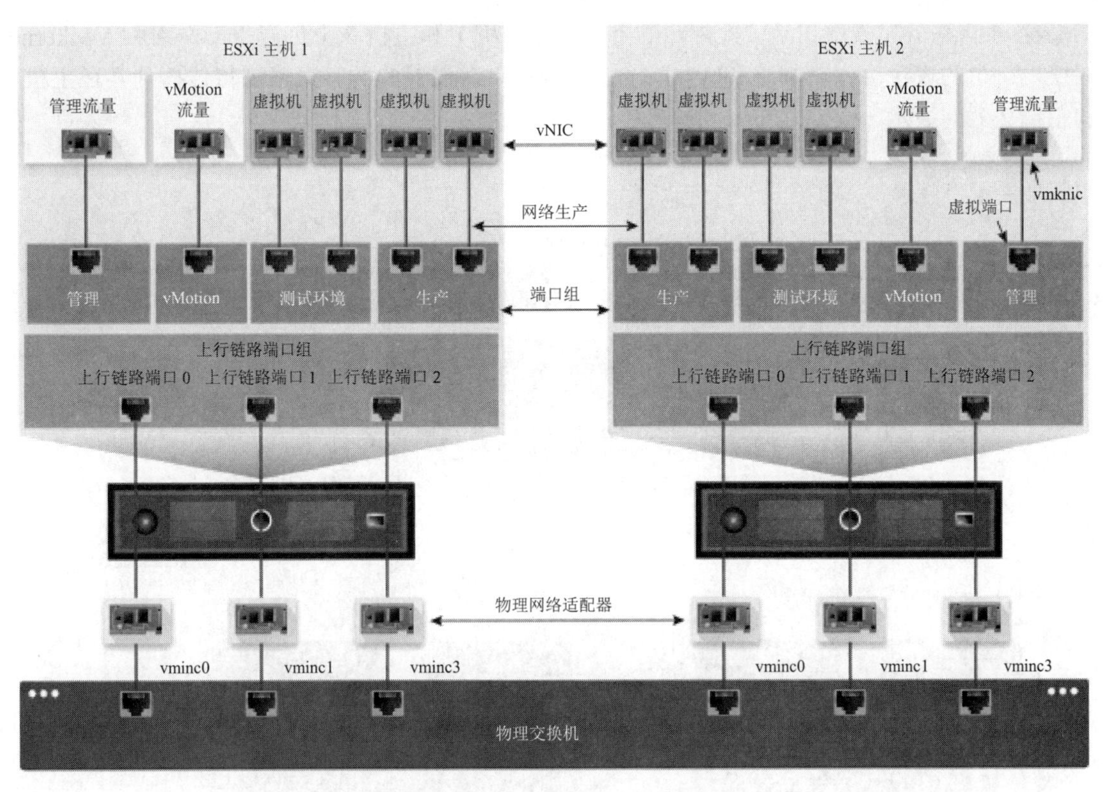

图 3-2 vSphere 标准交换机架构

（2）vSphere Distributed Switch 架构

vSphere Distributed Switch 为与交换机关联的所有主机的网络连接配置提供集中化管理和监控。用户可以在 vCenter Server 系统上设置 Distributed Switch，其设置将传播至与该交换机关联的所有主机，如图 3-3 所示。

1）vSphere Distributed Switch 架构

vSphere 中的网络交换机由两个逻辑部分组成：数据面板和管理面板。数据面板可实现软件包交换、筛选和标记等。管理面板是用于配置数据面板功能的控制结构。vSphere 标准交换机同时包含数据面板和管理面板，用户可以单独配置和维护每个标准交换机。

vSphere Distributed Switch 的数据面板和管理面板相互分离。Distributed Switch 的管理功能驻留在 vCenter Server 系统上，用户可以在数据中心级别管理环境的网络配置，数据面板则保留在与 Distributed Switch 关联的每台主机本地。Distributed Switch 的数据面板部分称为主机代理交换机。在 vCenter Server（管理面板）上创建的网络配置将被自动向下推送至所有主机代理交换机（数据面板）。

vSphere Distributed Switch 引入的两个抽象概念可用于为物理网卡、虚拟机和 VMkernel 服务创建一致的网络配置。端口组类型如表 3-3 所示。

假设在数据中心创建一个 vSphere Distributed Switch，然后将两个主机与其关联。上行链路端口组配置了三个上行链路，然后将每个主机的一个物理网卡连接到一个上行链路。通过此方法，每个上行链路可将每个主机的两个物理网卡映射到其中，例如上行链路 1 使用主机 1 和主机 2 的 vmnic0 进行配置。接下来，可以为虚拟机网络和 VMkernel 服务创建生产网络和

VMkernel 网络分布式端口组。此外，还会分别在主机 1 和主机 2 上创建生产网络和 VMkernel 网络端口组的表示。生产网络和 VMkernel 网络端口组设置的所有策略都将传播到其在主机 1 和主机 2 上的表示。

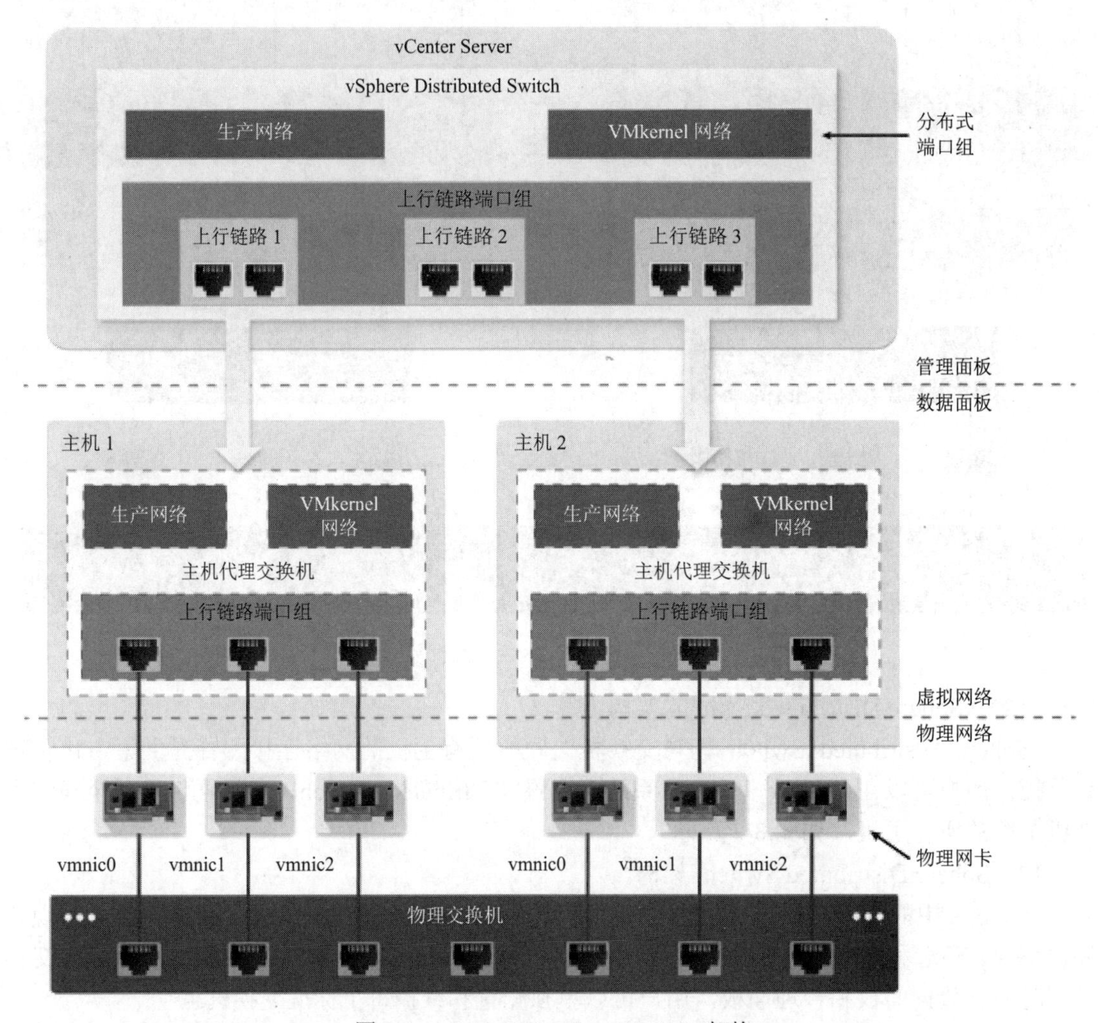

图 3-3 vSphere Distributed Switch 架构

表 3-3 vSphere Distributed Switch 端口组类型

端口组类型	功能描述
上行链路端口组	上行链路端口组或 dvUplink 端口组在创建 Distributed Switch 期间进行定义，可以具有一个或多个上行链路。上行链路是可用于配置主机物理连接以及故障切换和负载平衡策略的模板。可以将主机的物理网卡映射到 Distributed Switch 上的上行链路。在主机级别，每个物理网卡将连接到特定 ID 的上行链路端口。可以对上行链路设置故障切换和负载平衡策略，这些策略将自动传播到主机代理交换机或数据面板。因此，可以为与 Distributed Switch 关联的所有主机的物理网卡应用一致的故障切换和负载平衡配置

续表

端口组类型	功能描述
分布式端口组	分布式端口组可向虚拟机提供网络连接并供 VMkernel 流量使用。使用对于当前数据中心唯一的网络标签来标识每个分布式端口组。可以在分布式端口组上配置网卡成组、故障切换、负载平衡、VLAN、安全、流量调整和其他策略。连接到分布式端口组的虚拟端口具有为该分布式端口组配置的相同属性。与上行链路端口组一样，在 vCenter Server（管理面板）上为分布式端口组设置的配置将通过其主机代理交换机（数据面板）自动传播到 Distributed Switch 上的所有主机。因此，可以配置一组虚拟机以共享相同的网络配置，方法是将虚拟机与同一分布式端口组关联。

为了确保有效地利用主机资源，将在运行 ESXi 5.5 及更高版本的主机上动态地按比例增加和减少代理交换机的分布式端口数。此主机上的代理交换机可扩展至主机上支持的最大端口数。端口限制基于主机可处理的最大虚拟机数来确定。

2）vSphere Distributed Switch 数据流

从虚拟机和 VMkernel 适配器向下传递到物理网络的数据流取决于为分布式端口组设置的网卡成组和负载平衡策略。数据流还取决于 Distributed Switch 上的端口分配，如图 3-4 所示。

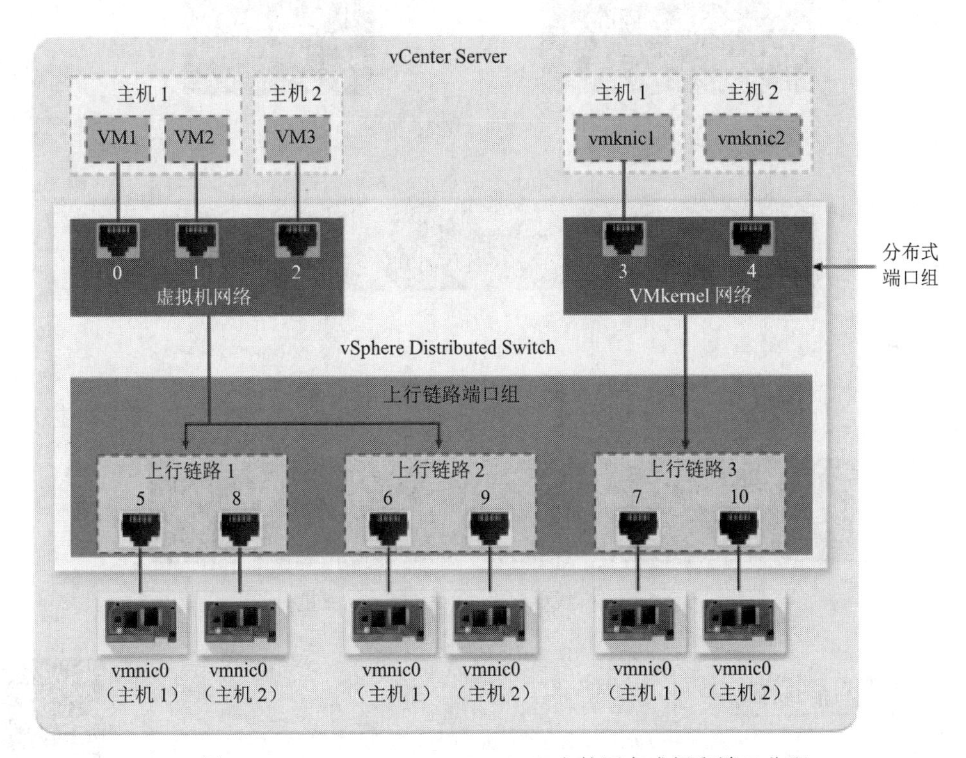

图 3-4　vSphere Distributed Switch 上的网卡成组和端口分配

假设创建分别包含 3 个和 2 个分布式端口的虚拟机网络和 VMkernel 网络分布式端口组。Distributed Switch 会按 ID 从 0 到 4 的顺序分配端口，该顺序与创建分布式端口组的顺序相同。然后，将主机 1 和主机 2 与 Distributed Switch 关联。Distributed Switch 会为主机上的每个物理网卡分配端口，端口将按添加主机的顺序从 5 继续编号。要在每个主机上提供网络连接，需将 vmnic0 映射到上行链路 1、将 vmnic1 映射到上行链路 2、将 vmnic2 映射到上行链路 3。

要向虚拟机提供连接并供 VMkernel 流量使用，可以将虚拟机网络端口组和 VMkernel 网络端口组配置成组和故障切换。上行链路 1 和上行链路 2 处理虚拟机网络端口组的流量，而上行链路 3 处理 VMkernel 网络端口组的流量。

3）主机代理交换机上的数据包流量

在主机端，虚拟机和 VMkernel 服务的数据包流量将通过特定端口传递到物理网络。例如，从主机 1 上的 VM1 发送的数据包将先到达虚拟机网络分布式端口组上的端口 0。由于上行链路 1 和上行链路 2 处理虚拟机网络端口组的流量，数据包可以通过上行链路端口 5 或上行链路端口 6 继续传递。如果数据包通过上行链路端口 5，则将继续传递 vmnic0；如果数据包通过上行链路端口 6，则将继续传递到 vmnic1，如图 3-5 所示。

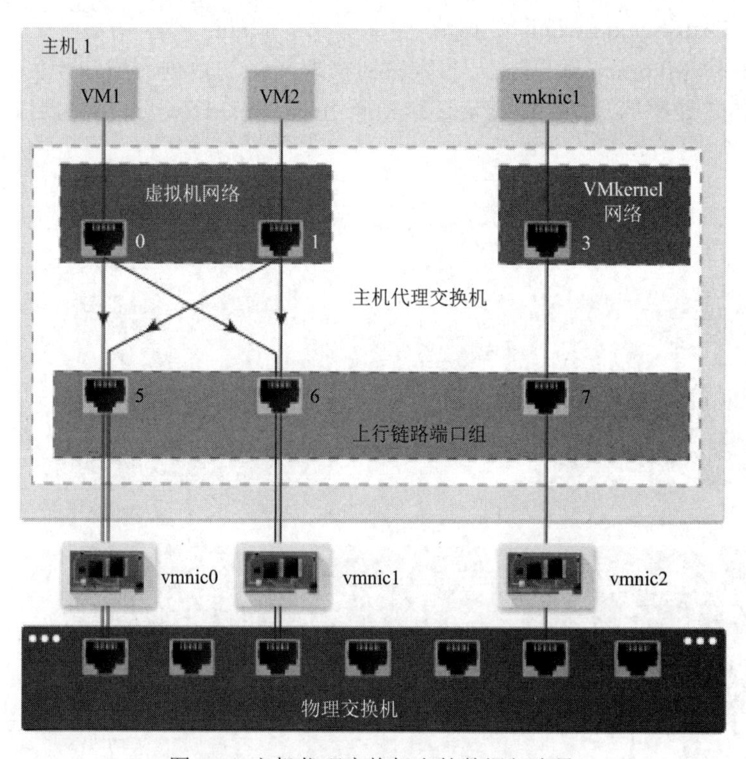

图 3-5　主机代理交换机上的数据包流量

任务 1　创建虚拟机

任务描述

运行 vSphere Client 登录 ESXi 主机（10.100.1.200），创建一台 CentOS 虚拟机用来提供 Web 服务。

任务实施

（1）运行 vSphere Client 登录 ESXi 主机，右键点击“主机”图标，选择“新建虚拟机”，如图 3-6、图 3-7 所示。

图 3-6　创建虚拟机（1）

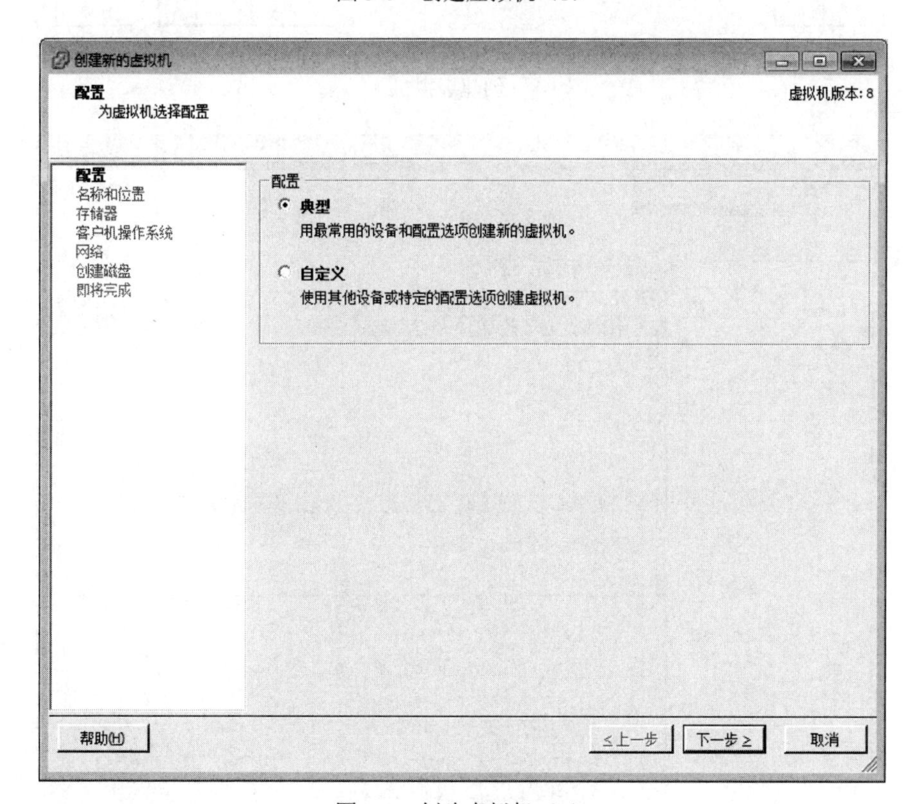

图 3-7　创建虚拟机（2）

（2）输入虚拟机的名称和存储器，如图 3-8、图 3-9 所示。

（3）设置客户机操作系统，如图 3-10 所示。

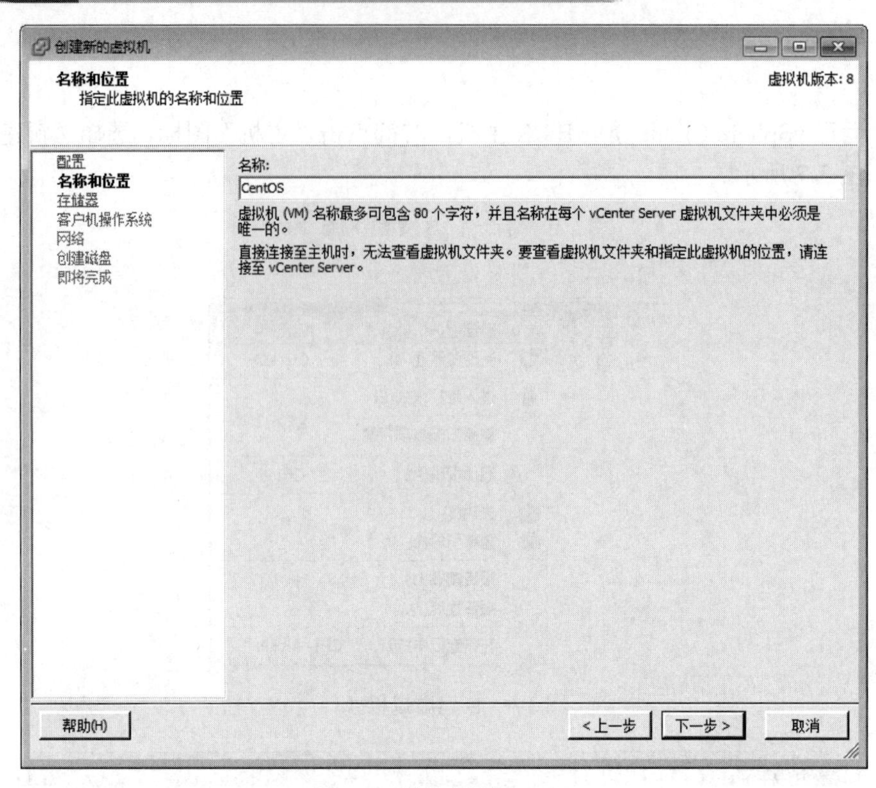

图 3-8　创建虚拟机（3）

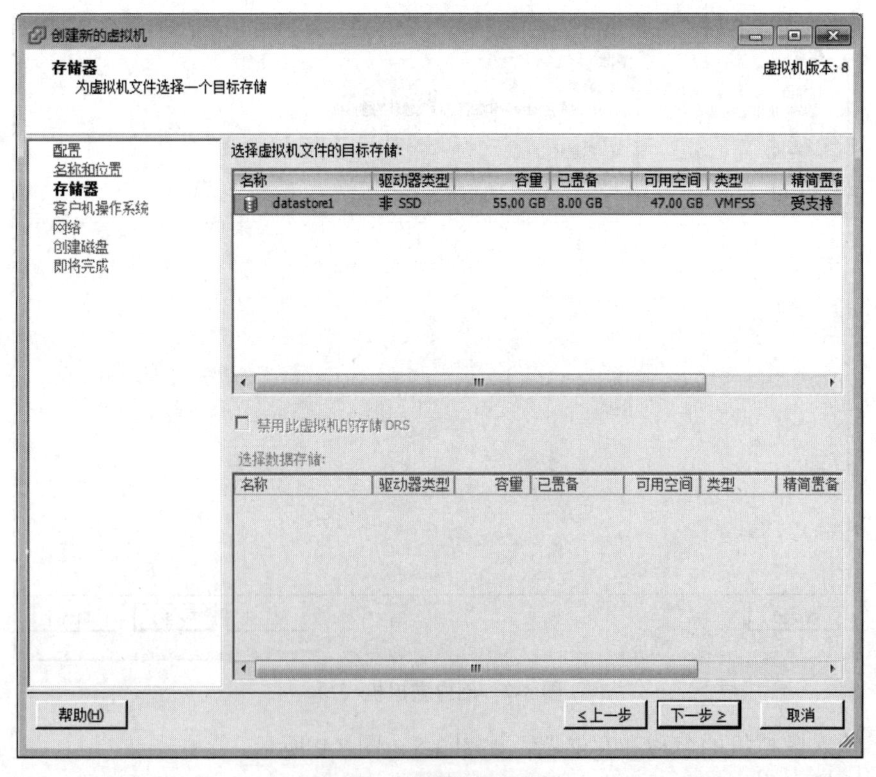

图 3-9　创建虚拟机（4）

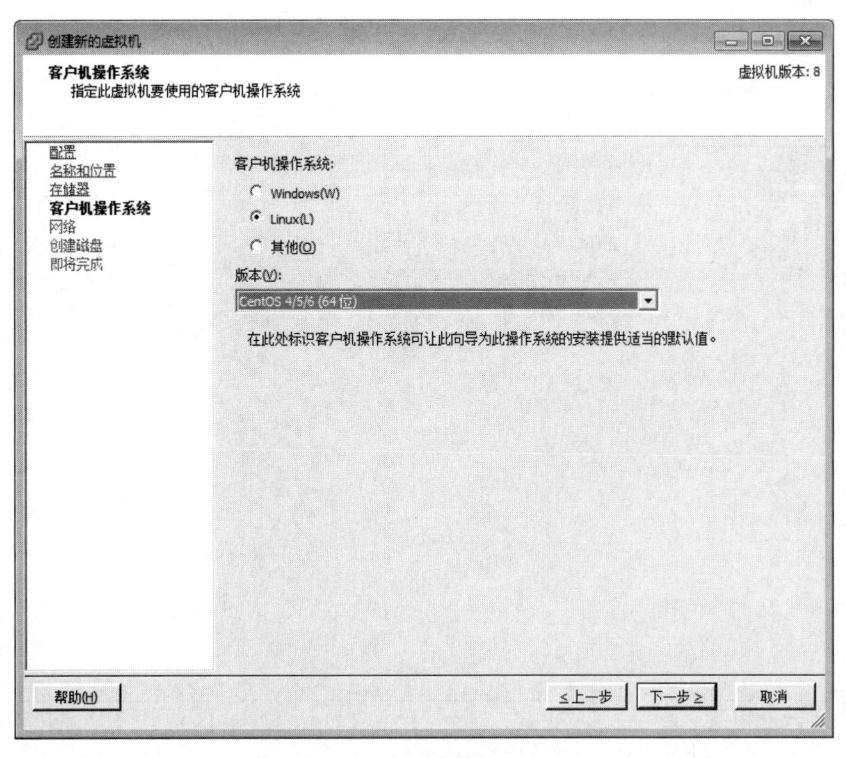

图 3-10　创建虚拟机（5）

（4）选择网卡及磁盘大小，如图 3-11、图 3-12 所示。

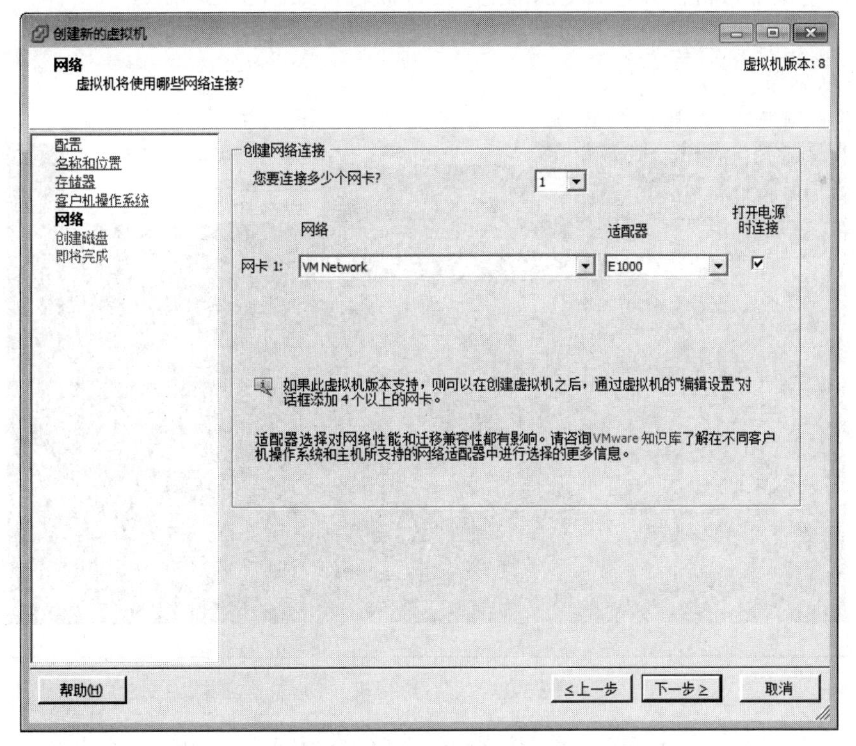

图 3-11　创建虚拟机（6）

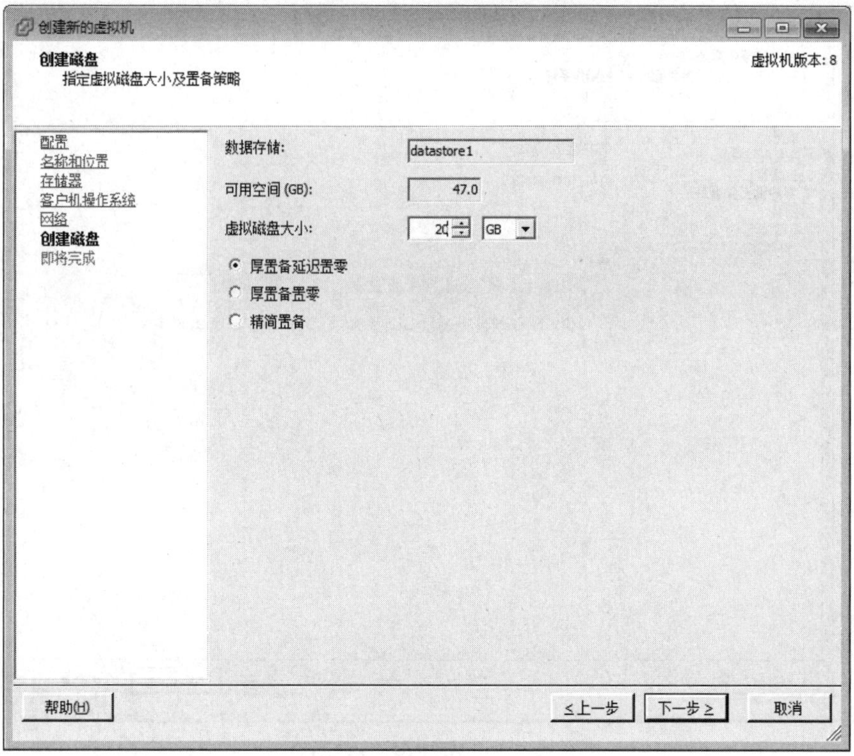

创建新的虚拟机

创建磁盘

指定虚拟磁盘大小及置备策略

虚拟机版本：8

配置
名称和位置
存储器
客户机操作系统
网络
创建磁盘
即将完成

数据存储：datastore1

可用空间 (GB)：47.0

虚拟磁盘大小：20 GB

厚置备延迟置零

厚置备置零

精简置备

帮助(H)　≤上一步　下一步≥　取消

图 3-12　创建虚拟机（7）

（5）启动该虚拟机，并挂载 CentOS 的 ISO 映像，如图 3-13 所示。

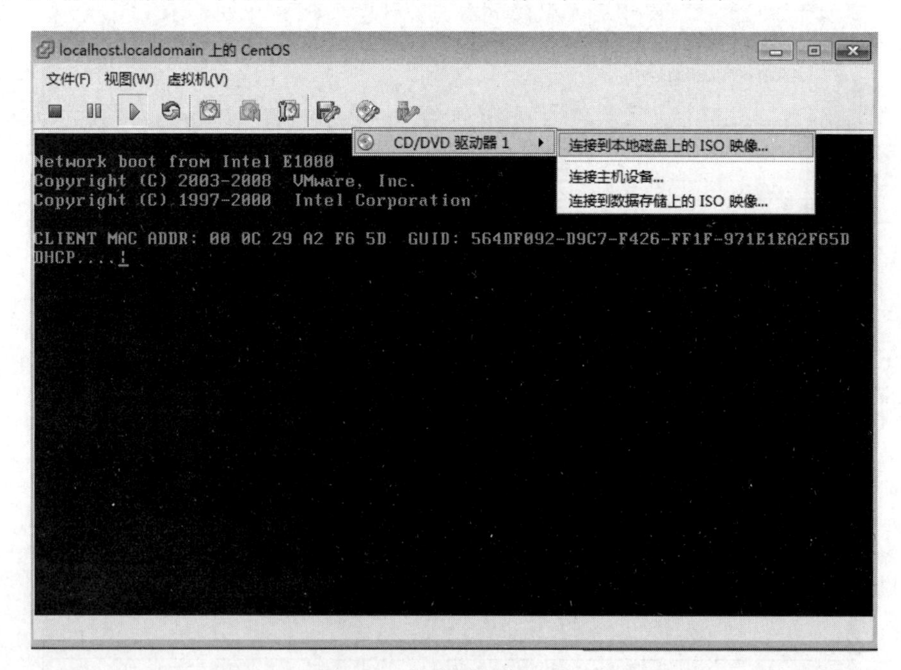

图 3-13　运行虚拟机（1）

（6）挂载成功后，CentOS 启动安装程序，进行系统安装，如图 3-14 所示。

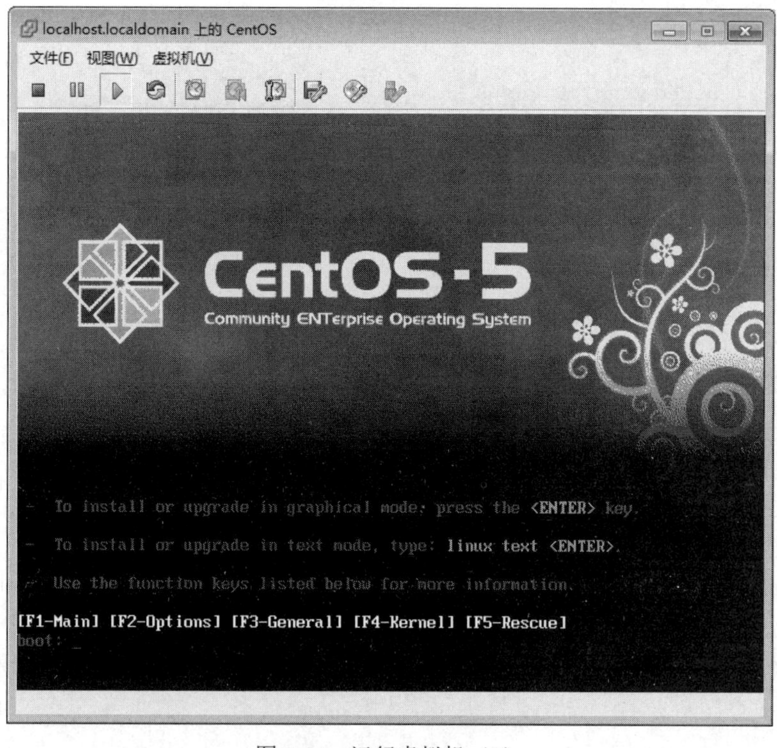

图 3-14　运行虚拟机（2）

（7）创建的虚拟机会在 ESXi 主机的本地存储建立一个同名的文件夹，里面放置了虚拟机所需的文件，如图 3-15 所示。

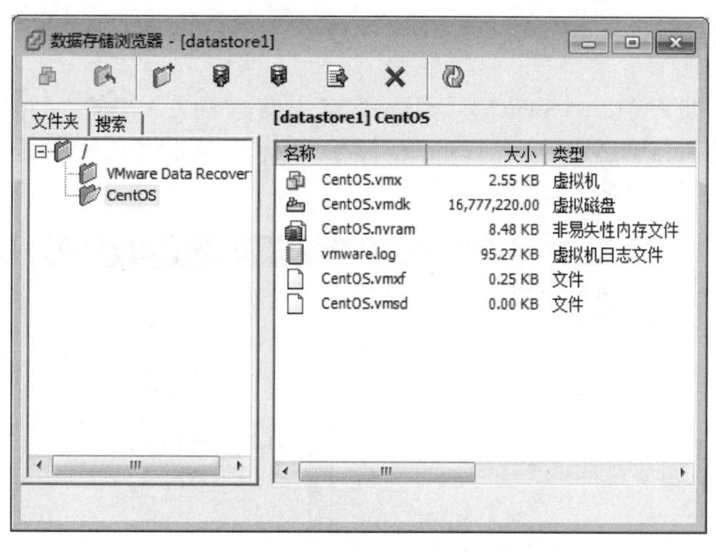

图 3-15　虚拟机的本地存储文件

（8）保存虚拟机到本地磁盘，可以通过 ESXi 主机“配置”中的“硬件”→ “存储器”→“数据存储”的“数据存储浏览器”将虚拟机进行保存。例如将 CentOS 保存到本机的 C 盘，如图 3-16、图 3-17 所示。

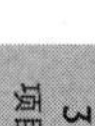

图 3-16 保存虚拟机到本地磁盘(1)

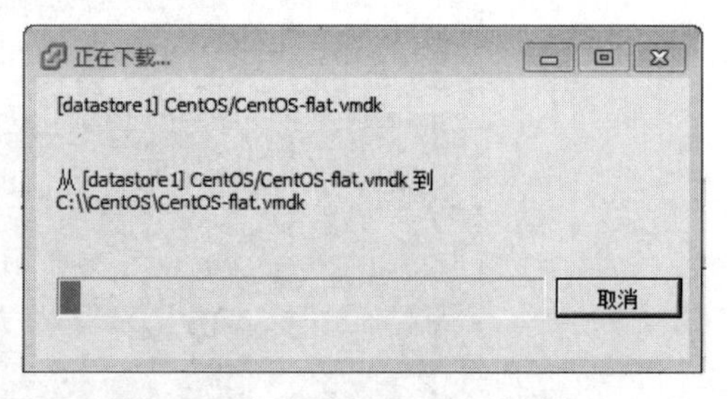

图 3-17 保存虚拟机到本地磁盘(2)

（9）删除虚拟机

1）从清单中移除

仅仅只是从 ESXi 主机的虚拟机清单中删除，但 ESXi 主机本地磁盘中虚拟机的文件夹还是存在的，磁盘的空间不会回收。

2）从磁盘中删除

从清单中删除虚拟机，同时，ESXi 主机本地磁盘中的虚拟机的文件夹也删除了。

任务 2 配置虚拟标准交换机

任务描述

在 ESXi 主机（10.100.1.200）配置一台虚拟标准交换机（vSwitch），承载访问虚拟机的流量，分隔管理流量和访问虚拟机的流量，提高网络性能和质量。

任务实施

（1）配置标准交换机（vSwitch），通过 ESXi 主机 “配置”中的“硬件”→ “网络”，可以看到 ESXi 主机自动创建了一个 vSphere 标准交换机。单张物理网卡承载了“虚拟机”端口组和 VMkernel 端口流量，如图 3-18 所示。

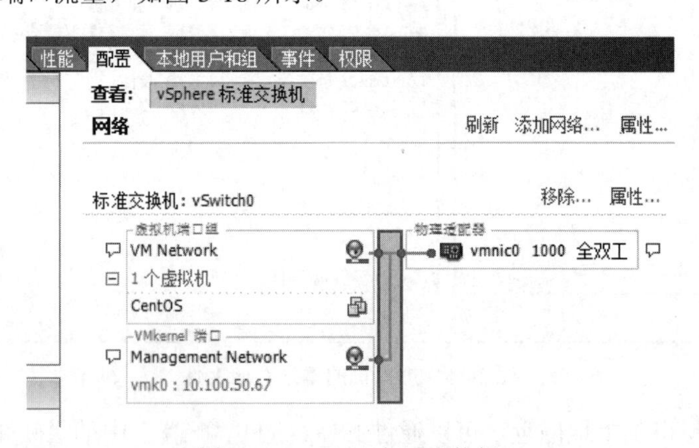

图 3-18 vSphere 标准交换机

（2）在生产环境中，同一张网卡承载了多种流量会导致网络堵塞。接下来新建一个标准交换机只承载访问虚拟机的流量。单击“添加网络”出现“添加网络向导”窗口，连接类型选择“虚拟机”，如图 3-19 所示。

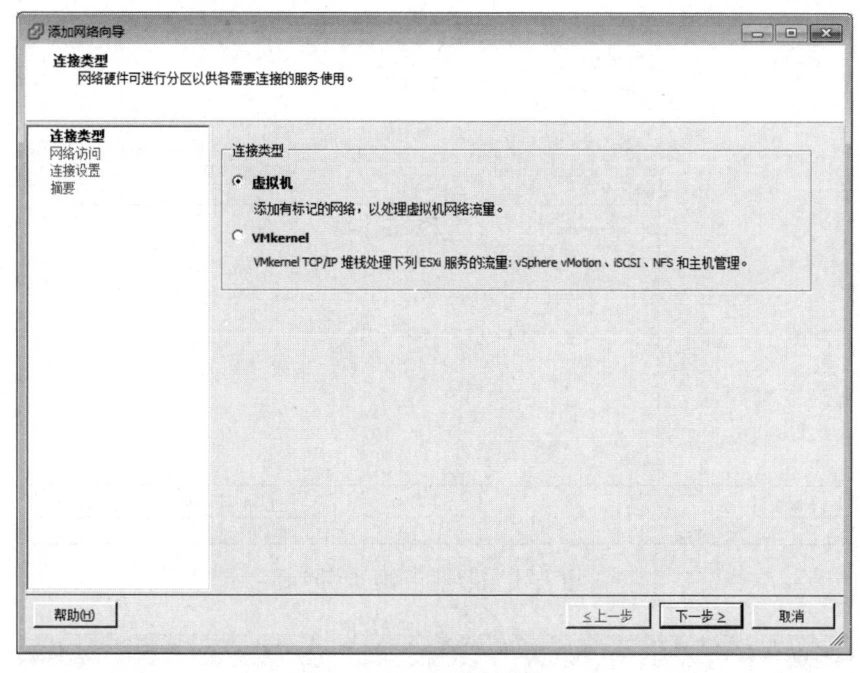

图 3-19　添加网络向导（1）

（3）选择物理网卡，然后，输入网络标签，VLAN ID 按默认设置，如图 3-20、图 3-21、图 3-22 所示。

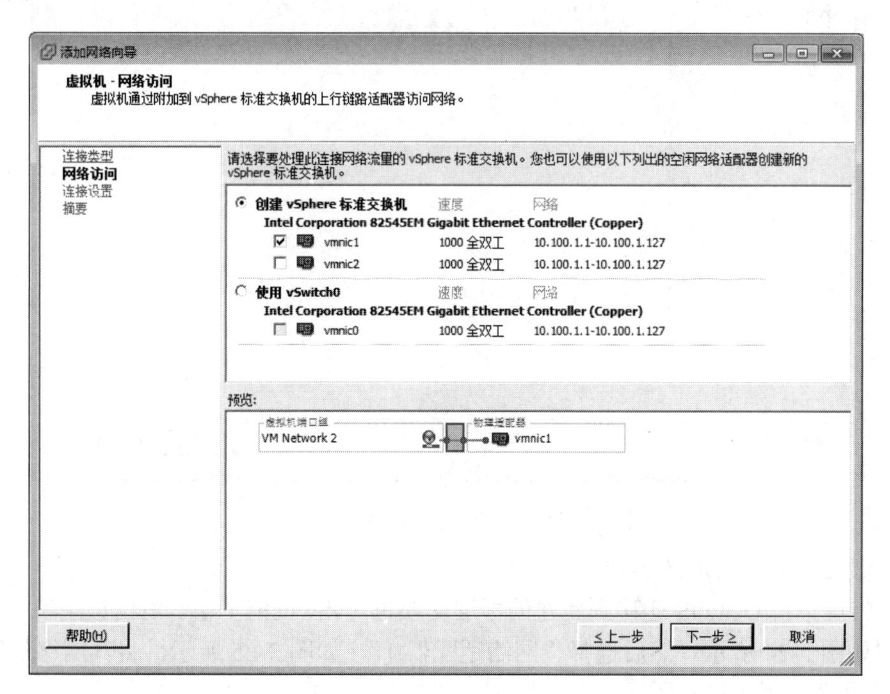

图 3-20　添加网络向导（2）

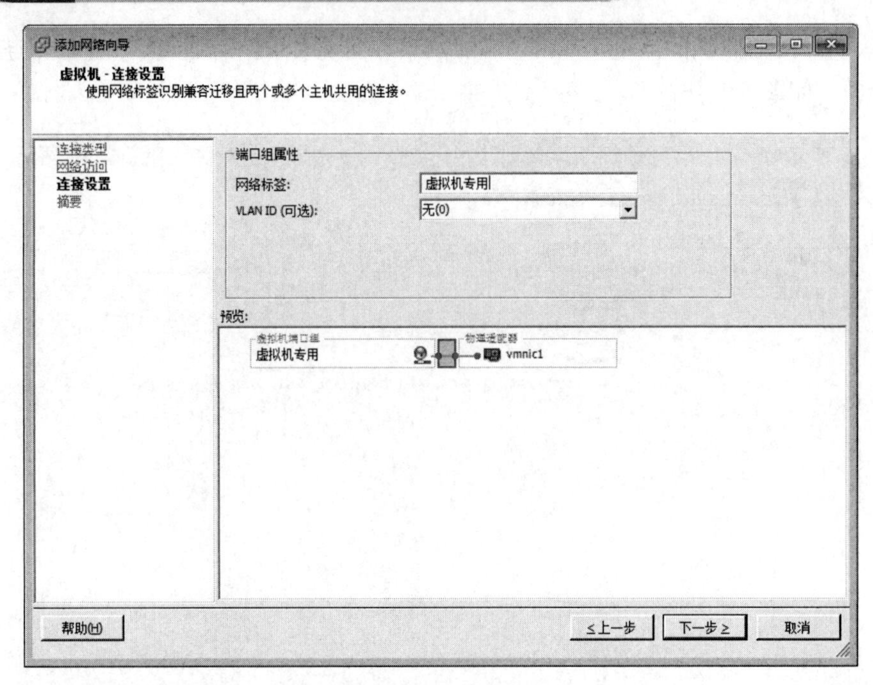

图 3-21　添加网络向导（3）

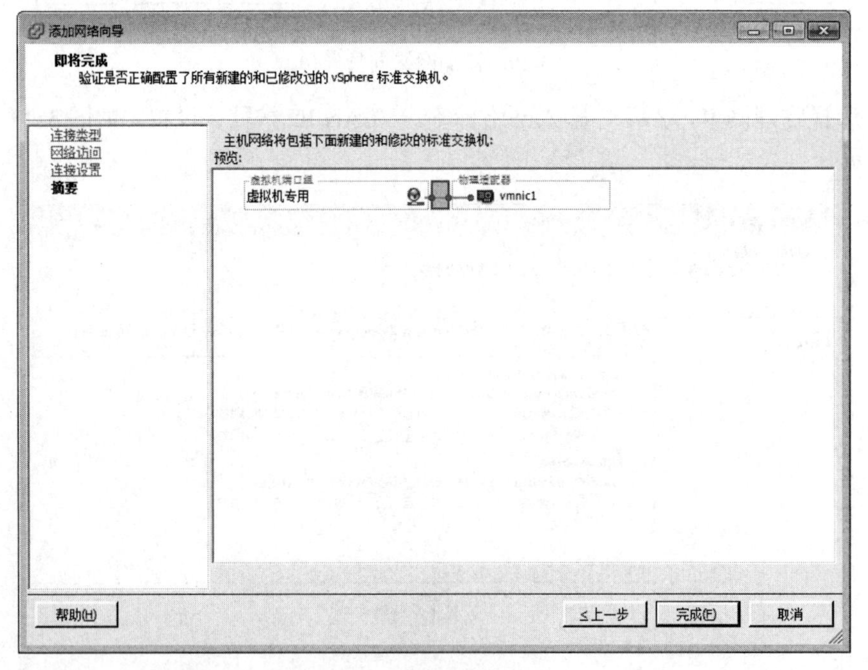

图 3-22　添加网络向导（4）

（4）最终配置结果如图 3-23 所示。

（5）将虚拟机 CentOS 迁移到新建的标准交换机（vSwitch1）中。右击该主机，选择“编辑设置”，如图 3-24 所示。然后选择“网络适配器 1”，如图 3-25 所示，将其网络标签选择为“虚拟机专用”，如图 3-26 所示。

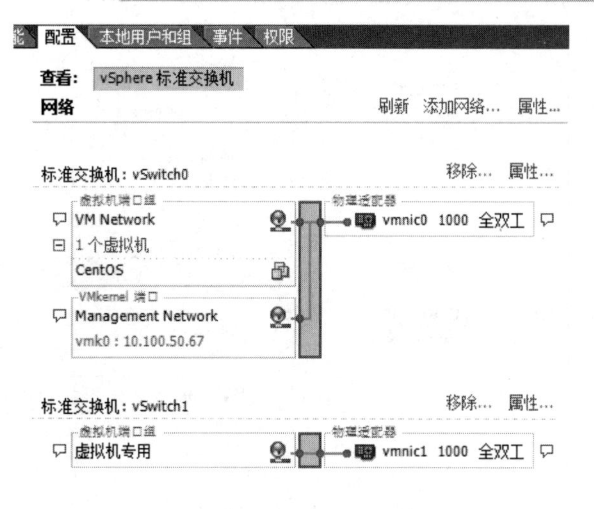

图 3-23 标准交换机添加完成

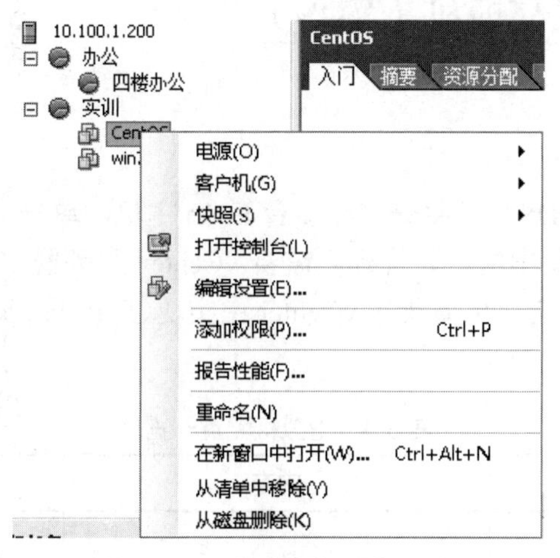

图 3-24 迁移虚拟机网络（1）

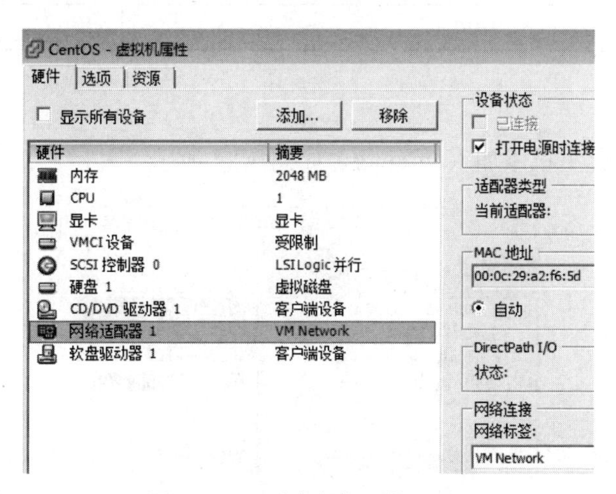

图 3-25 迁移虚拟机网络（2）

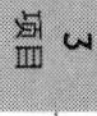

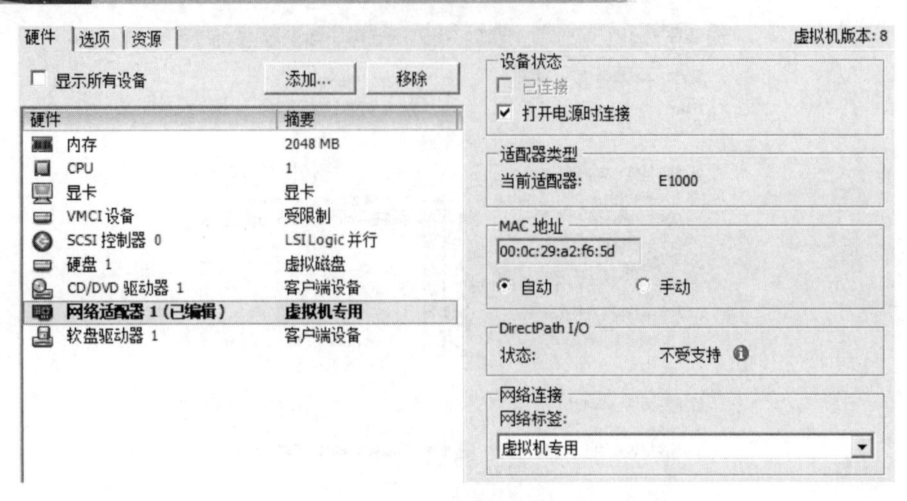

图 3-26　迁移虚拟机网络（3）

任务 3　配置分布式交换机（VDS）

任务描述

配置分布式交换机（VDS），可将分布在多台 ESXi 主机的单一交换机逻辑上组成一个“大”交换机；在数据中心级别集中配置、管理。需要 vCenter 服务器一台、ESXi 主机两台，要求如表 3-4 所示。创建分布式交换机需要在 vCenter 中实现（使用 vSphere Client 登录到单台 ESXi 主机，不可以创建分布式交换机）。

表 3-4　虚拟机配置一览表

虚拟机	内存	网络适配器
vCenter	2G	1
ESXi	2G	3
ESXi-1	2G	3

任务实施

（1）将两台 ESXi 主机添加入 vCenter，如图 3-27 所示。

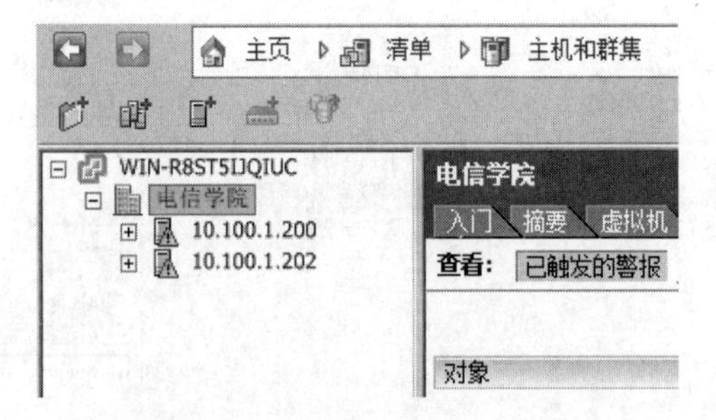

图 3-27　ESXi 主机加入 vCenter

（2）选择“清单”→“网络”，右击数据中心的“电信学院”，选择“新建 vSphere Distributed Switch”，如图 3-28 所示。

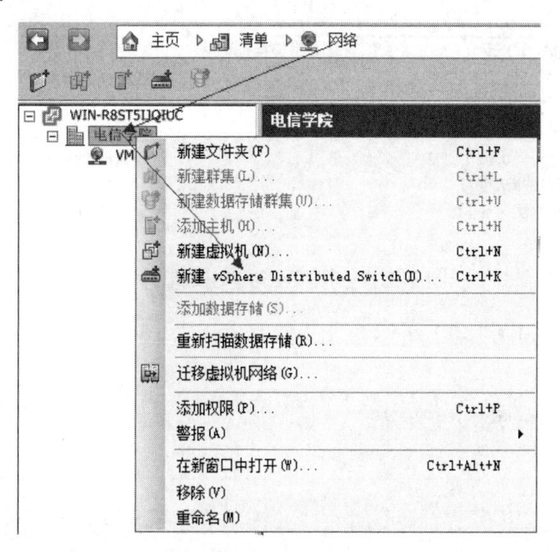

图 3-28　创建分布式交换机（1）

（3）选择 vSphere Distributed Switch 版本，如图 3-29 所示。

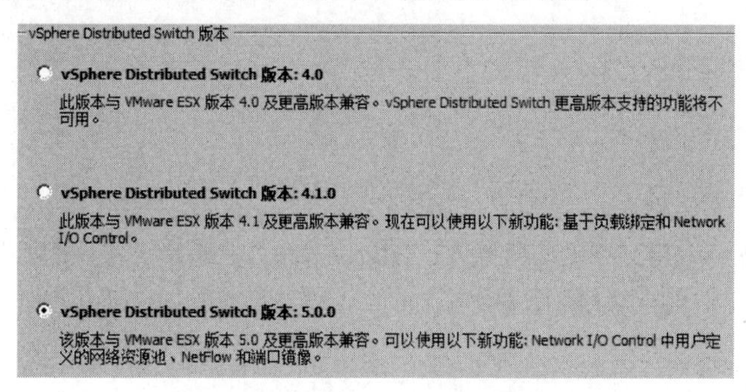

图 3-29　创建分布式交换机（2）

（4）设置上行链路端口数，如图 3-30、图 3-31 所示。

图 3-30　创建分布式交换机（3）

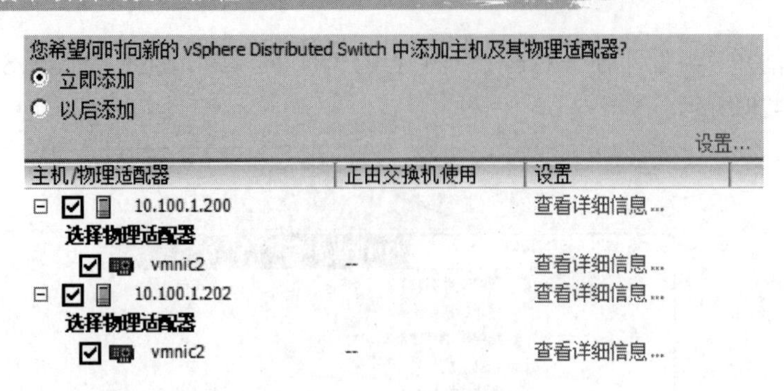

图 3-31　创建分布式交换机（4）

（5）创建端口组，如图 3-32 所示。

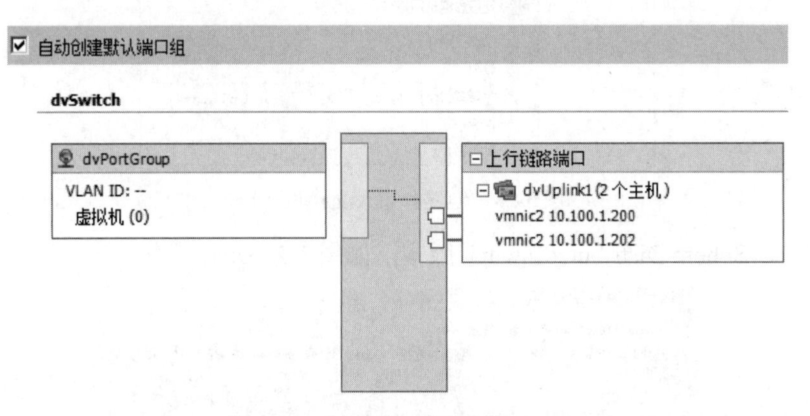

图 3-32　创建分布式交换机（5）

（6）迁移网络，右击分布式交换机“dvSwitch”，选择“迁移虚拟机网络”，将标准交换机（vNetwork）中的虚拟机迁移到分布式交换机“dvSwitch”中，如图 3-33、图 3-34 所示。

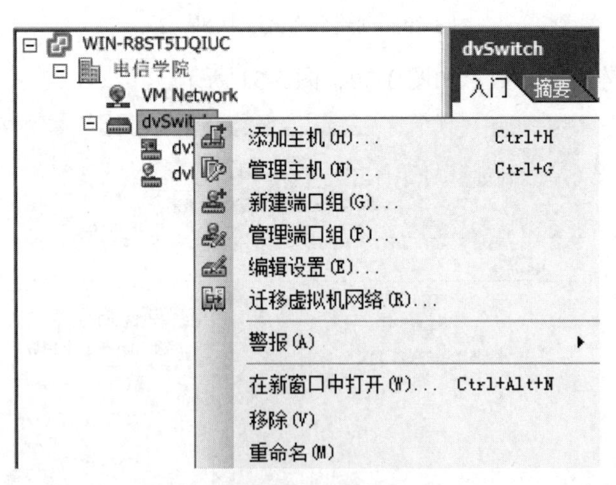

图 3-33　创建分布式交换机（6）

（7）选择要迁移的虚拟机进行网络迁移，如图 3-35、图 3-36 所示。

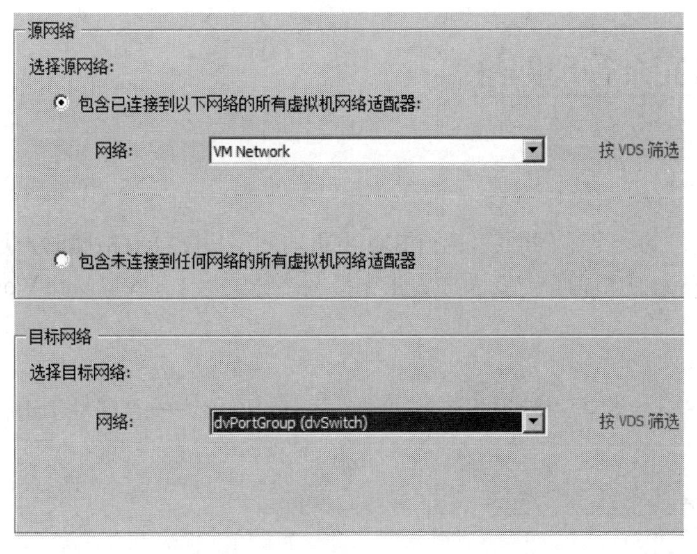

图 3-34　创建分布式交换机（7）

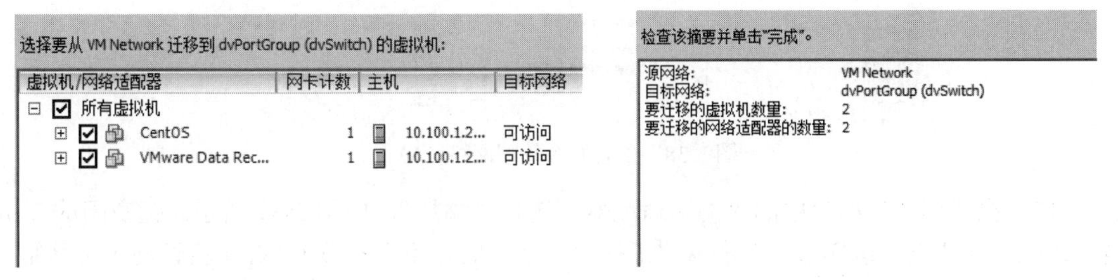

图 3-35　创建分布式交换机（8）　　　　图 3-36　创建分布式交换机（9）

（8）迁移完成，原来在 vSphere 标准交换机中的虚拟机 CentOS 已迁移到 vSphere Distributed Switch 中，如图 3-37 所示。

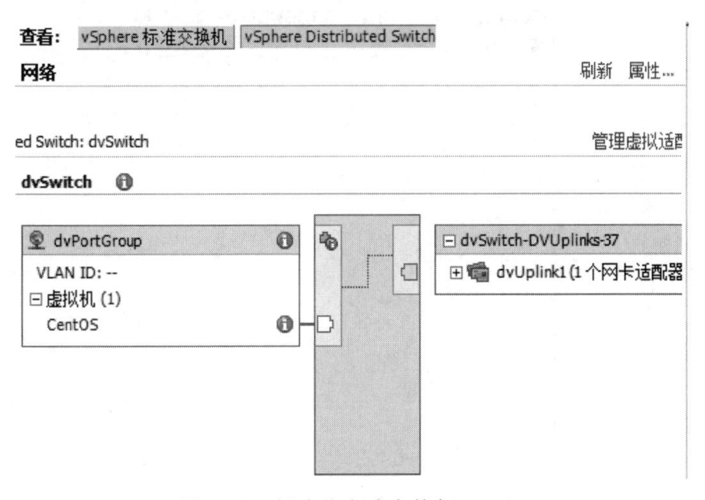

图 3-37　创建分布式交换机（10）

任务 4　配置冗余管理网络

任务描述

配置 ESXi 主机的冗余管理网络，当 ESXi 主机的网络适配器有故障时，仍然可以管理 ESXi 主机。在启动该 ESXi 主机前，需要添加 2 张虚拟网络适配器（在 VMware Workstation 中添加）。

任务实施

（1）通过 ESXi 主机的“配置”中的“硬件”→“网络”→“属性”进行配置，如图 3-38 所示。

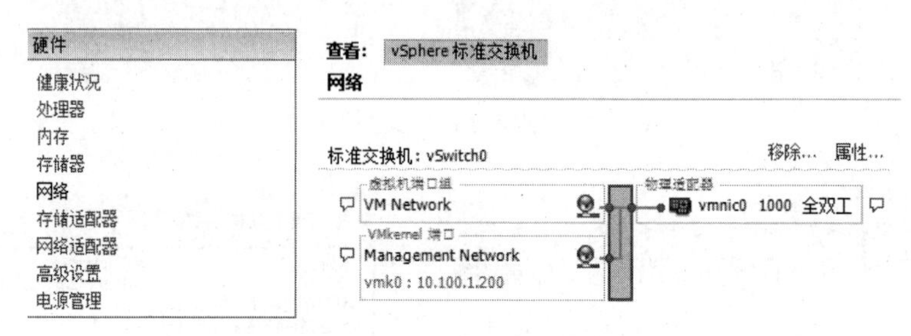

图 3-38　配置冗余管理网络（1）

（2）在“属性”标签中的“网络适配器”选择“添加”，如图 3-39 所示。把空闲的 2 个网络适配器都选上，这样当原有的网络适配器有故障时，不会导致 ESXi 主机访问不了网络，因为还有 2 个网络适配器作为冗余备份，当然，如果 3 个网络适配器都出故障了，那 ESXi 主机就访问不了，然后单击“下一步”，如图 3-40 所示。

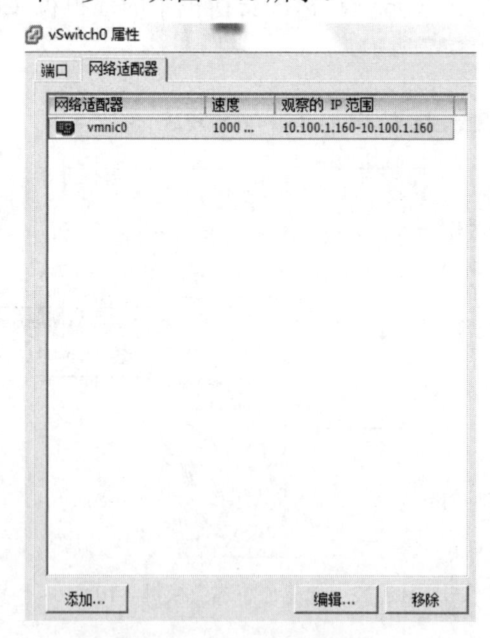

图 3-39　配置冗余管理网络（2）

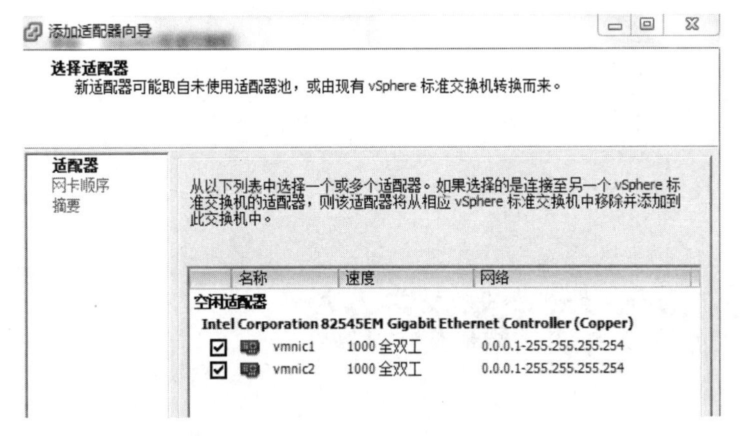

图 3-40　配置冗余管理网络（3）

（3）设置端口组的活动适配器和待机适配器，将新添加的 2 个网络适配器都设置为“活动适配器”，如图 3-41 所示。

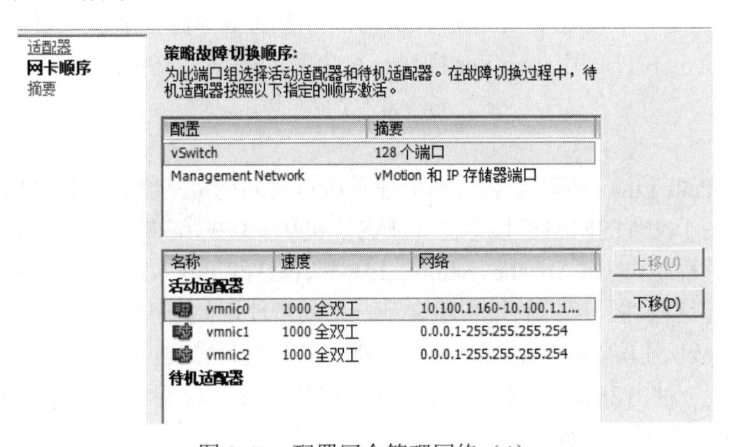

图 3-41　配置冗余管理网络（4）

（4）添加完毕之后，3 个网络适配器都可以承载管理流量了，如图 3-42 所示。

（5）测试，将 VMware Workstation 中虚拟机“esxi”的第 1 个网络适配器断开连接，模拟网络适配器的故障，如图 3-43 所示。若仍然可以使用 10.100.1.200 进行管理，这样就达到了冗余的目的。

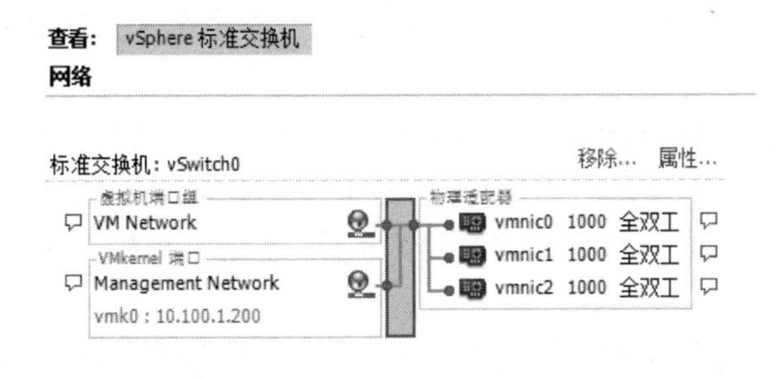

图 3-42　配置冗余管理网络（5）

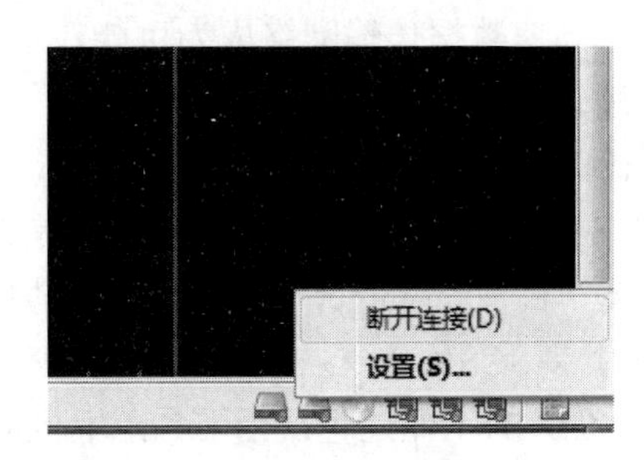

图 3-43　配置冗余管理网络（6）

4

安装网络存储系统

项目描述

学校信息中心的 2 台服务器已进行虚拟化。考虑到服务器中虚拟机存储的需要，现搭建一个网络存储系统，本书采用 openfiler 搭建一个免费的网络存储系统。

所需知识

openfiler 由 rPath Linux 驱动，它是一个基于浏览器的免费网络存储管理实用程序，可以在单一框架中提供基于文件的网络连接存储（NAS）和基于块的存储区域网（SAN）。整个软件包与开放源代码应用程序（例如 Apache、Samba、LVM2、ext3、Linux NFS 和 iSCSI Enterprise Target）连接。openfiler 将这些随处可见的技术组合到一个易于使用的小型管理解决方案中，该解决方案通过一个基于 Web 且功能强大的管理界面实现。官网网址：http://www.openfiler.com/。

iSCSI 技术是一种由 IBM 公司研究开发的，供硬件设备使用的，可以在 IP 协议的上层运行的 SCSI 指令集，这种指令集合可以实现在 IP 网络上运行 SCSI 协议，使其能够在诸如高速千兆以太网上进行路由选择。iSCSI 技术是一种新存储技术，该技术是将现有的 SCSI 接口与以太网络（Ethernet）技术结合，使服务器可与使用 IP 网络的存储装置互相交换资料。

iSCSI：Internet 小型计算机系统接口（Internet Small Computer System Interface）。

Internet 小型计算机系统接口（iSCSI）是一种基于 TCP/IP 的协议，用来建立和管理 IP 存储设备、主机和客户机等之间的相互连接，并创建存储区域网络（SAN）。SAN 使 SCSI 协议应用于高速数据传输网络成为可能，这种传输以数据块级别（block-level）在多个数据存储网络间进行。

iSCSI 结构基于客户/服务器模式，其通常应用的环境是：设备互相靠近，并且这些设备由 SCSI 总线连接。iSCSI 的主要功能是在 TCP/IP 网络上的主机系统（启动器 initiator）和存储设备（目标器 target）之间进行大量数据的封装和可靠传输过程。此外，iSCSI 提供了在 IP 网络封装 SCSI 命令，且运行在 TCP 上。

iSCSI 的工作过程：当 iSCSI 主机应用程序发出数据读写请求后，操作系统会生成一个相应的 SCSI 命令，该 SCSI 命令在 iSCSI initiator 层被封装成 iSCSI 消息包并通过 TCP/IP 传送到设备侧，设备侧的 iSCSI target 层会解开 iSCSI 消息包，得到 SCSI 命令的内容，然后传输给 SCSI 设备执行；设备执行 SCSI 命令后的响应，在经过设备侧 iSCSI target 层时被封装成 iSCSI

响应 PDU，通过 TCP/IP 网络传输给主机的 iSCSI initiator 层，iSCSI initiator 会从 iSCSI 响应 PDU 里解析出 iSCSI 响应并传输给操作系统，操作系统再响应给应用程序。

硬件成本低：构建 iSCSI 存储网络，除了存储设备外，交换机、线缆、接口卡都是标准的以太网配件，价格相对来说比较低廉。同时，iSCSI 还可以在现有的网络上直接安装，并不需要更改企业的网络体系，这样可以最大程度地节约投入。

操作简单，维护方便：对 iSCSI 存储网络的管理，实际上就是对以太网设备的管理，只需花费少量的资金去培训 iSCSI 存储网络管理员。当 iSCSI 存储网络出现故障时，问题定位及解决也会因为以太网的普及而变得容易。

扩充性强：对于已经构建的 iSCSI 存储网络来说，增加 iSCSI 存储设备和服务器都将变得简单，且无需改变网络的体系结构。

带宽和性能：iSCSI 存储网络的访问带宽依赖以太网带宽。随着千兆以太网的普及和万兆以太网的应用，iSCSI 存储网络会达到甚至超过 FC（Fiber Channel，光纤通道）存储网络的带宽和性能。突破距离限制：iSCSI 存储网络使用的是以太网，因而在服务器和存储设备的空间布局上的限制就会少很多，甚至可以跨越地区和国家。

iSCSI target 是位于 Internet 小型计算机系统接口（iSCSI）服务器上的存储资源。iSCSI 是一个通过 IP 网络基础设施来连接数据存储设备的协议。

任务 1　安装 openfiler

任务描述

在 VMware Workstation 中创建 openfiler 虚拟机，分配 4 个硬盘（1 个用来安装 openfiler，3 个用来存储）。同时，该虚拟机挂载 openfileresa-2.99.1-x86_64-disc1.iso 镜像。安装完成后配置 openfiler 的管理 IP。

任务实施

（1）在 VMware Workstation 中创建 openfiler 虚拟机，配置如图 4-1 所示。CD/DVD 挂载 openfileresa-2.99.1-x86_64-disc1.iso 镜像。

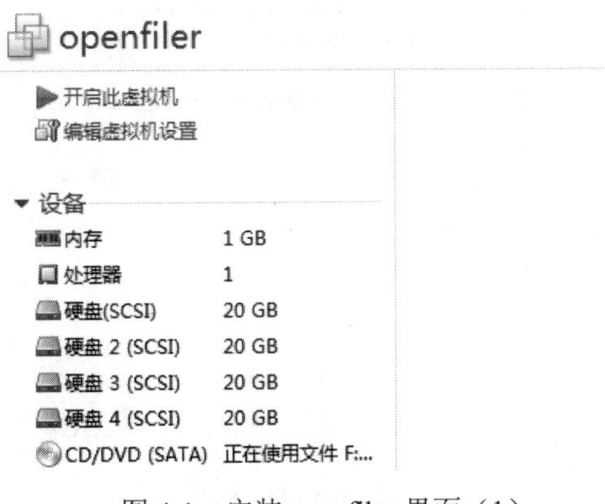

图 4-1　安装 openfiler 界面（1）

（2）启动该虚拟机，出现 openfiler 安装界面，如图 4-2 所示，按回车键进行安装。单击“Next”2 次，进入到下一个界面，如图 4-3 所示，此时系统会提醒磁盘要进行分区，单击“Yes”进入到如图 4-4 所示的界面，单击“Next”后单击“Yes”。

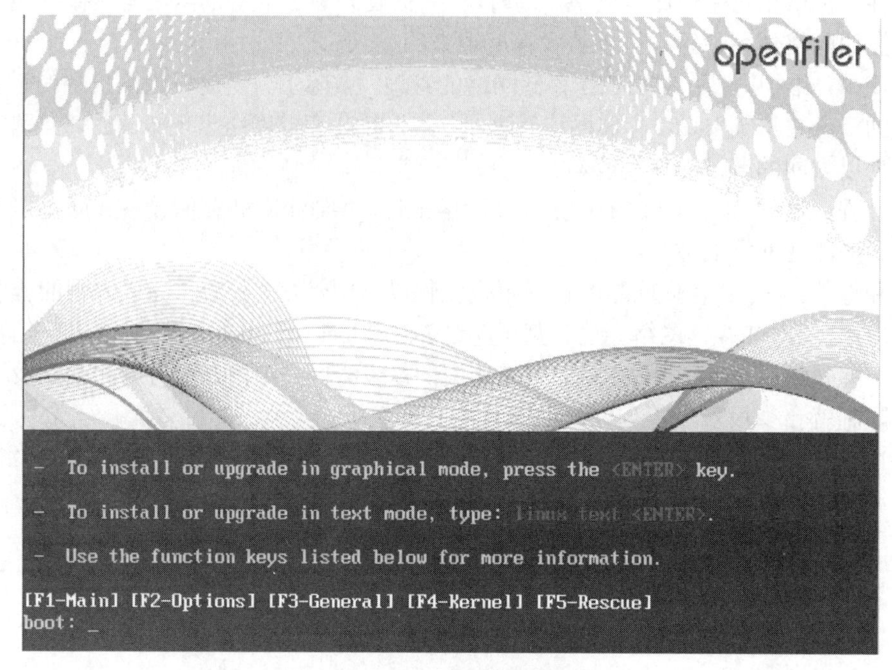

图 4-2　安装 openfiler 界面（2）

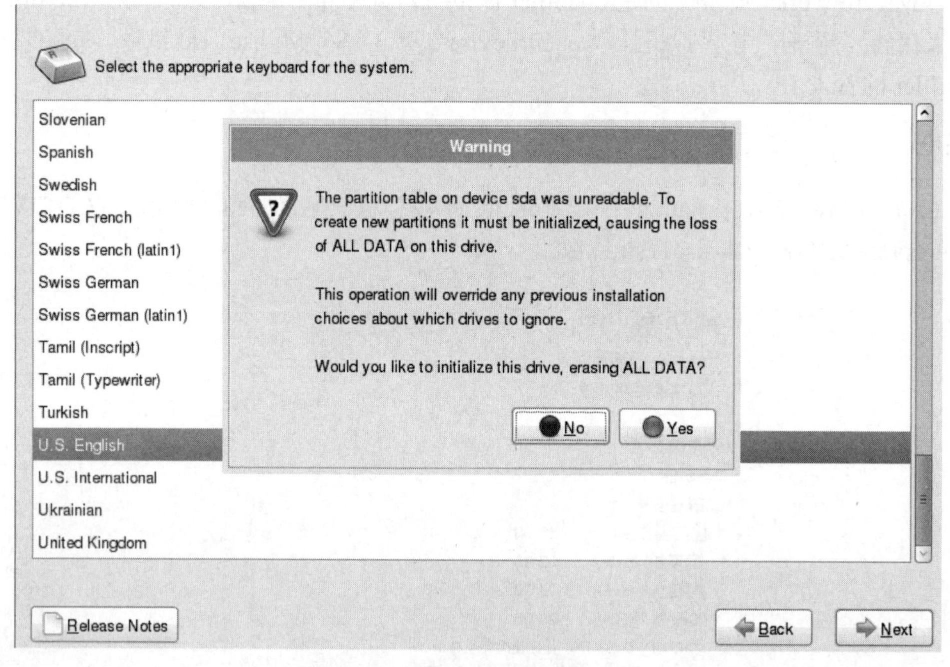

图 4-3　安装 openfiler 界面（3）

openfiler

Installation requires partitioning of your hard drive. By default, a partitioning layout is chosen which is reasonable for most users. You can either choose to use this or create your own.

Remove all partitions on selected drives and create default layout

Select the drive(s) to use for this installation.

sda 20473 MB VMware, VMware Virtual S

Advanced storage configuration

What drive would you like to boot this installation from?

sda 20473 MB VMware, VMware Virtual S

Review and modify partitioning layout

Release Notes　Back　Next

图 4-4　安装 openfiler 界面（4）

（3）在弹出的对话框中单击“Yes”，如图 4-5 所示。

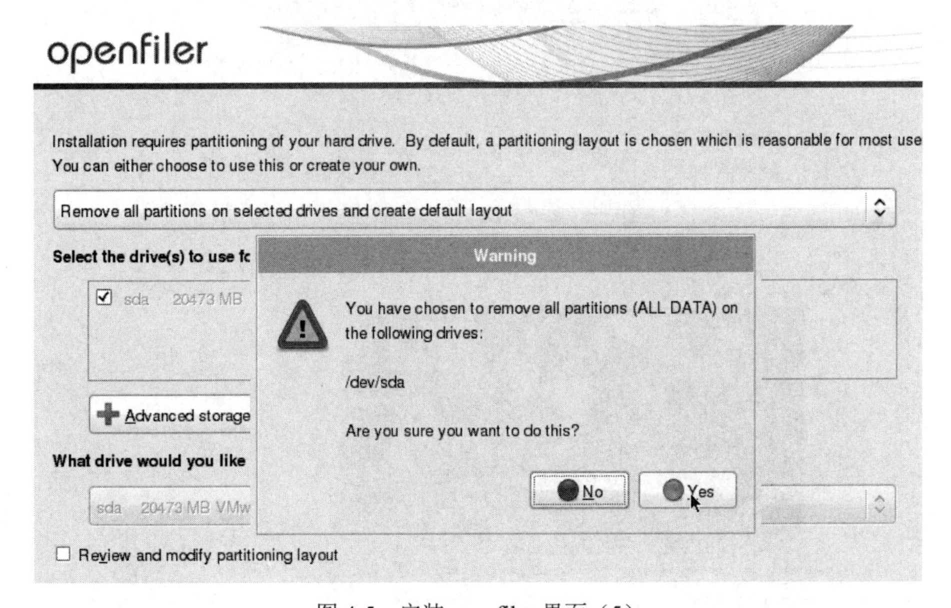

图 4-5　安装 openfiler 界面（5）

（4）配置 openfiler 网卡信息，此步骤非常重要。若配置错误后期修改 IP 会比较麻烦。单击“Edit”，设置 IP 地址为 10.100.1.201，单击“OK”，如图 4-6 所示。再单击“Next”，此时提示网关、主 DNS 服务器、次 DNS 服务器没有设置，都单击“Continue”，如图 4-7 所示。

（5）选择“亚洲/上海”时区，如图 4-8 所示。

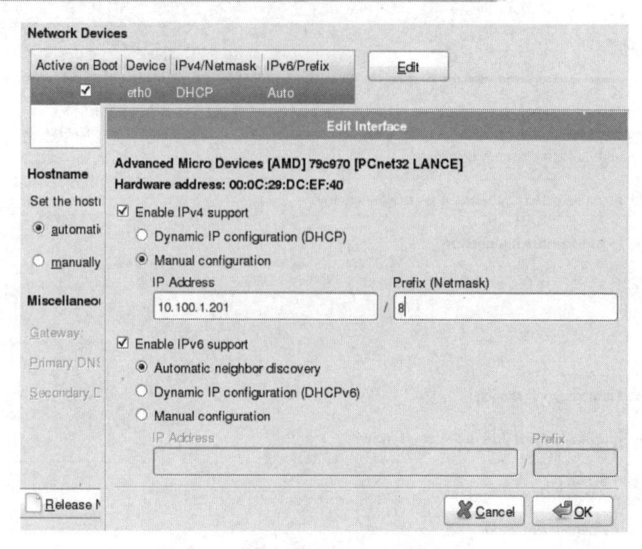

图 4-6　安装 openfiler 界面（6）

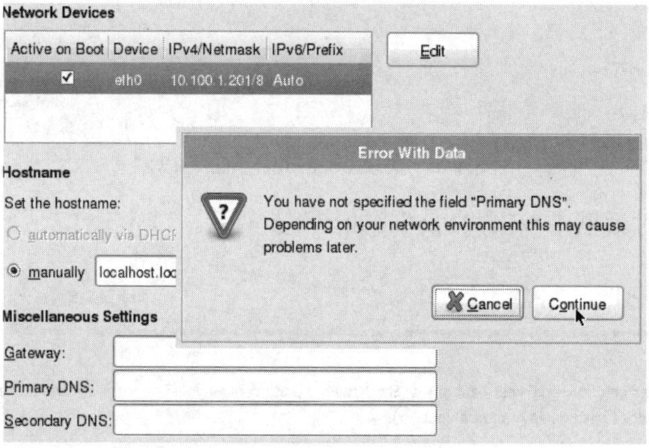

图 4-7　安装 openfiler 界面（7）

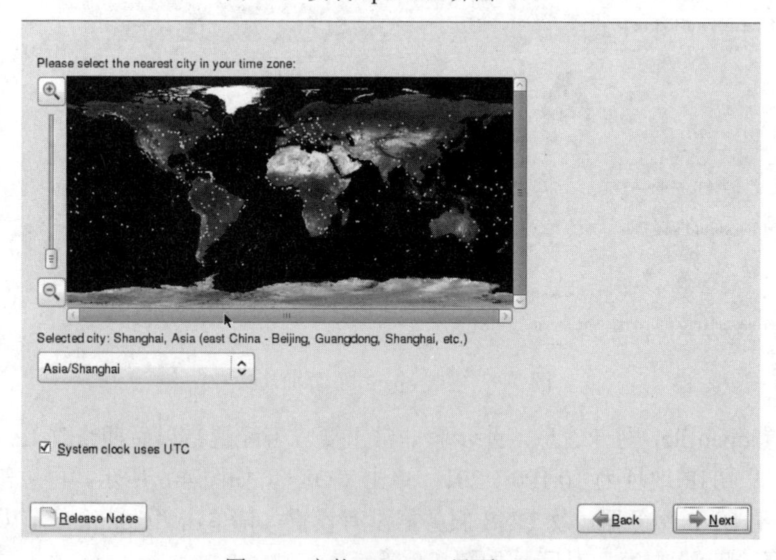

图 4-8　安装 openfiler 界面（8）

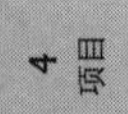

（6）设置密码，如图 4-9 所示。

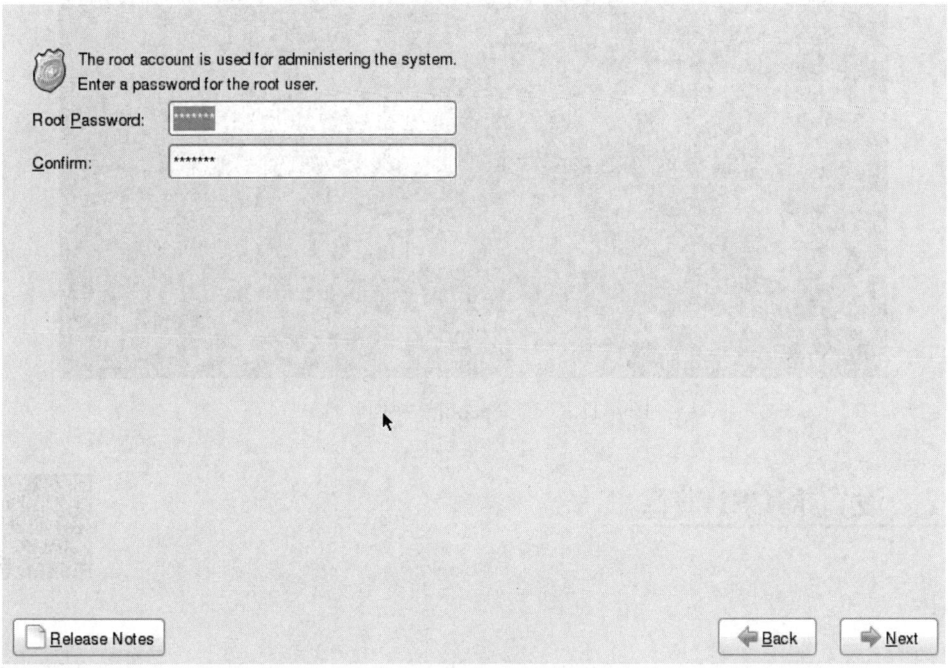

图 4-9　安装 openfiler 界面（9）

（7）设置密码后，单击 2 次“Next”，系统开始安装，如图 4-10 所示。

图 4-10　安装 openfiler 界面（10）

（8）安装完成后，选择“Reboot”，进入 openfiler 的界面，如图 4-11 所示。

```
|        · Commercial Support: http://www.openfiler.com/support/           |
|  Administrator Guide: http://www.openfiler.com/buy/administrator-guide   |
|    Community Support: http://www.openfiler.com/community/forums/         |
|   Internet Relay Chat: server: irc.freenode.net     channel: #openfiler  |
----------------------------------------------------------------------------
|             (C) 2001-2011 Openfiler. All Rights Reserved.                |
|    Openfiler is licensed under the terms of the GNU GPL, version 2       |
|              http://www.gnu.org/licenses/gpl-2.0.html                    |
----------------------------------------------------------------------------

Welcome to Openfiler ESA, version 2.99.1

Web administration GUI: https://10.100.1.201:446/
```

图 4-11　安装 openfiler 界面（11）

任务 2　设置 iSCSI 磁盘

任务描述

通过浏览器访问 openfiler 的管理 IP（https://10.100.1.201:446），创建一个 iSCSI 磁盘供 ESXi 主机中的虚拟机使用。

任务实施

（1）使用浏览器登录 openfiler，会出现“证书错误”的提示，如图 4-12 所示。选择“继续浏览此网站”。默认的登录用户为 openfiler，密码为 password。登录后的界面如图 4-13、图 4-14 所示。

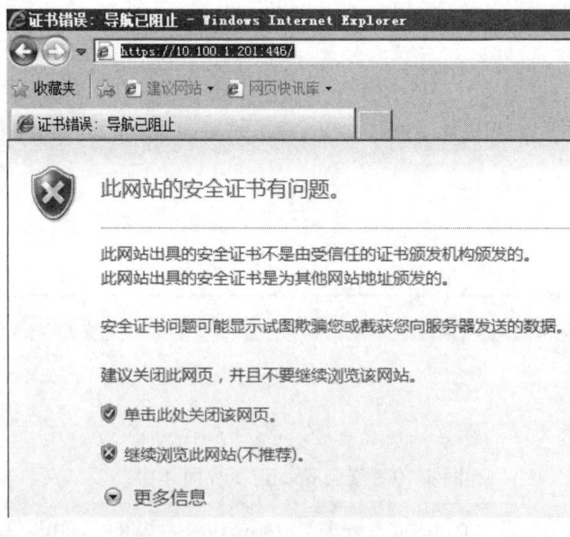

图 4-12　设置 iSCSI 磁盘（1）

图 4-13 设置 iSCSI 磁盘（2）

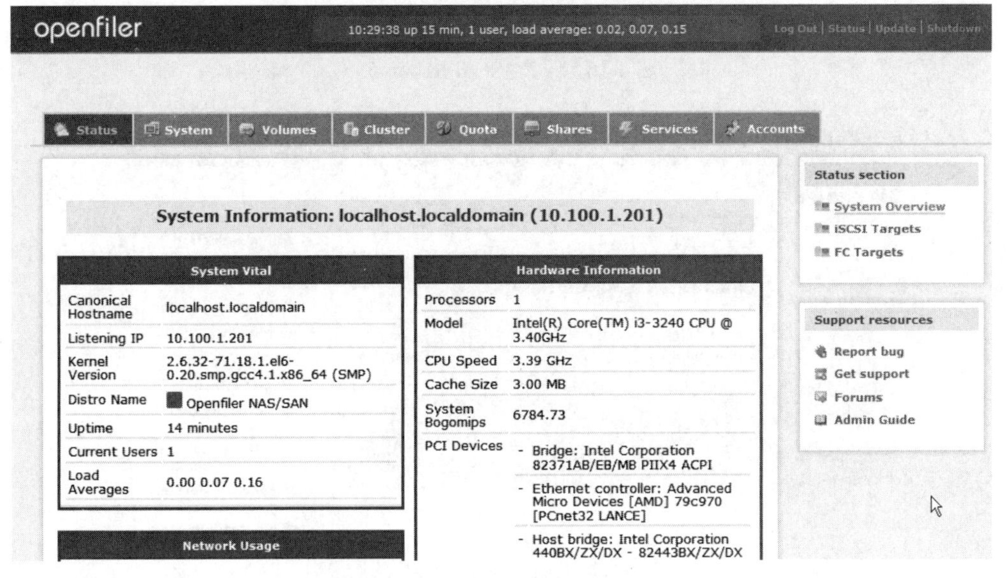

图 4-14 设置 iSCSI 磁盘（3）

（2）在 VMware Workstation 添加一个 20G 存储磁盘到 openfiler 作为 iSCSI 的共享磁盘。依次点击 VMware Workstation 菜单栏“虚拟机”→“设置”→“添加”→“硬盘”，如图 4-15 所示。然后一直单击“下一步”，此步骤一定要做，否则，在 openfiler 中将无磁盘用来分卷。

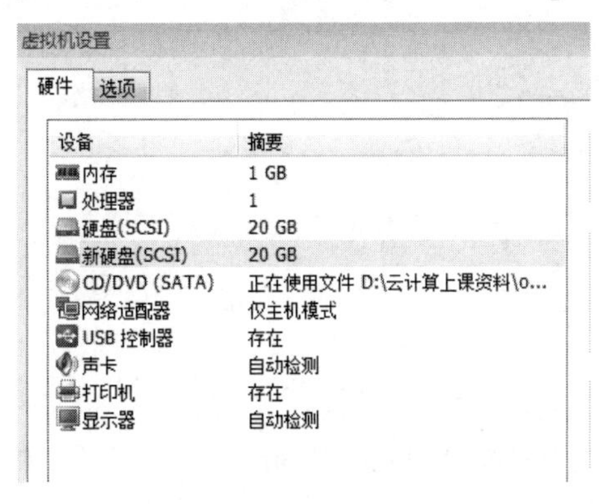

图 4-15 设置 iSCSI 磁盘（4）

（3）选择“Volumes”→“Block Devices”如图 4-16 所示。选择“/dev/sdb”进入磁盘 sdb 的编辑分区页面，拖动浏览条到达页面的底部，如图 4-17 所示。单击“Create”创建磁盘分区，如图 4-18 所示。

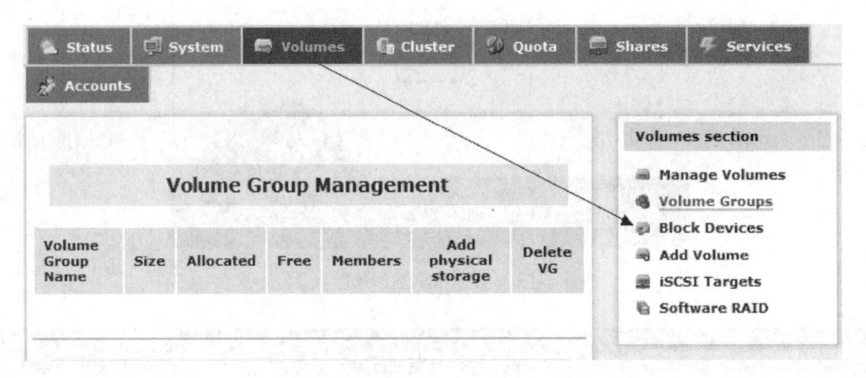

图 4-16　设置 iSCSI 磁盘（5）

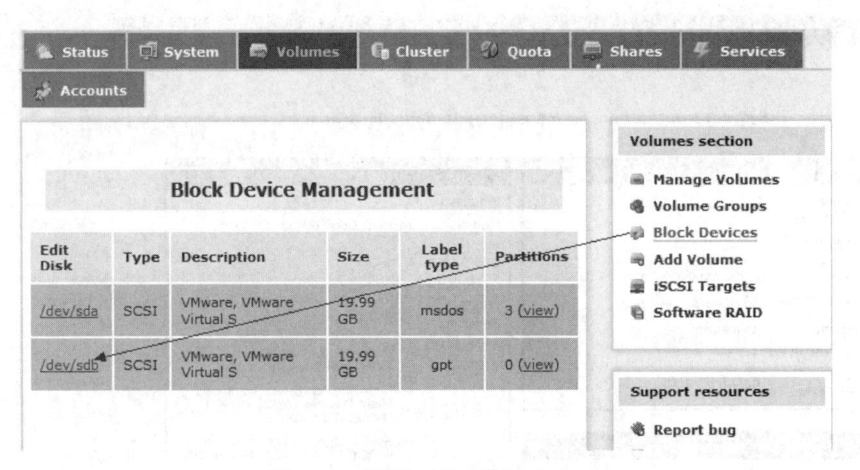

图 4-17　设置 iSCSI 磁盘（6）

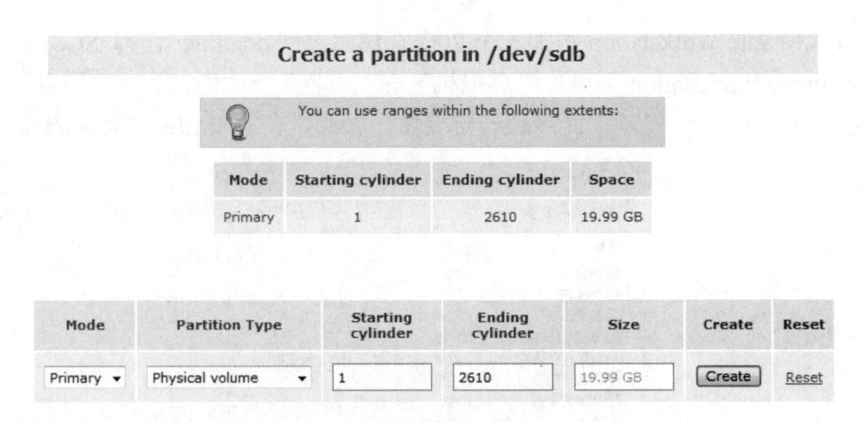

图 4-18　设置 iSCSI 磁盘（7）

（4）选择页面右侧菜单栏中的“Volume Groups”创建卷组，卷组名称为“hzy”。单击“Add volume group”添加卷组，如图 4-19 所示。

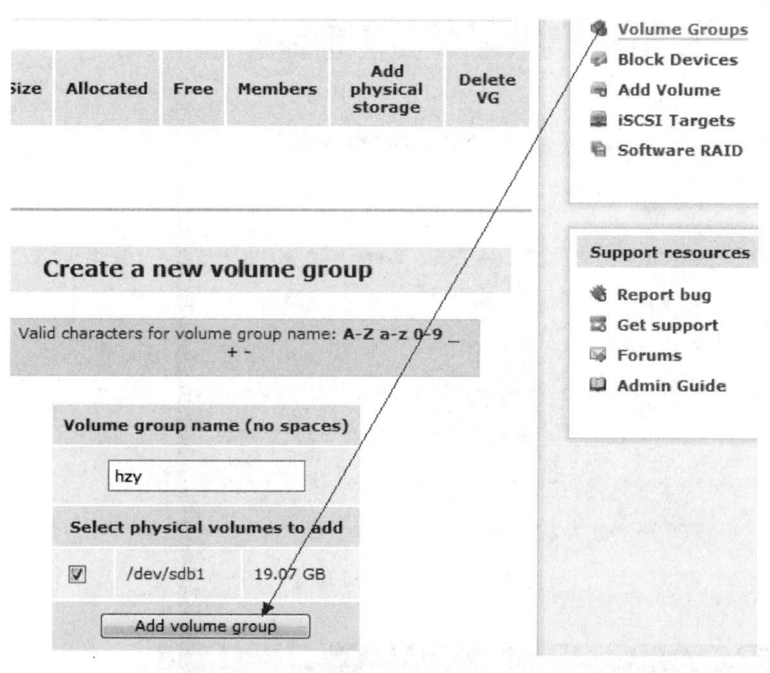

图 4-19　设置 iSCSI 磁盘（8）

（5）选择页面右侧菜单栏中的“Add Volume”创建卷，卷组名称为“exsi”。把整个卷组的空间都分给 exsi 卷，单击“Create”创建卷，如图 4-20 所示。注意：Filesystem/Volume type 要选择为 block 类型，否则，该卷将无法映射到 iSCSI。

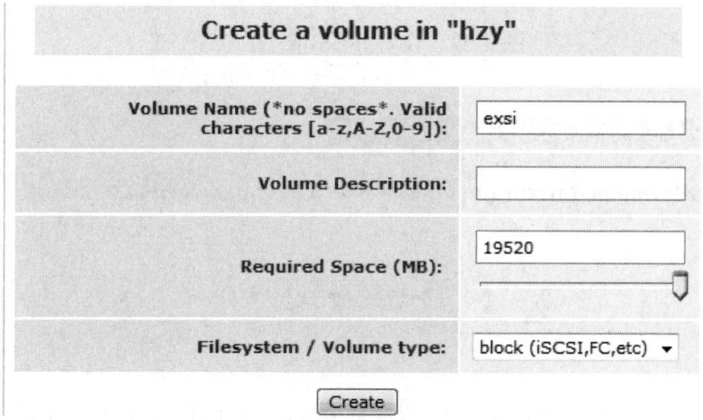

Create a volume in "hzy"

Volume Name (*no spaces*. Valid characters [a-z,A-Z,0-9]): exsi
Volume Description:
Required Space (MB): 19520
Filesystem / Volume type: block (iSCSI,FC,etc)
Create

图 4-20　设置 iSCSI 磁盘（9）

（6）开启 iSCSI 服务，选择顶部菜单栏中的“Services”→“iSCSI Target”，然后选择“Enable”设置 openfiler 开机启动时运行 iSCSI 服务，最后选择“Start”启动 iSCSI 服务，如图 4-21 所示。

（7）选择顶部菜单栏中的“Volumes”，然后选择右边菜单栏中的“iSCSI Targets”，进入 iSCSI 设置界面。单击“Add”添加一个 iSCSI Target，如图 4-22 所示。

（8）将 exsi 卷映射到添加的 iSCSI Target 中，选择“LUN Mapping”→“Map”，如图 4-23 所示。

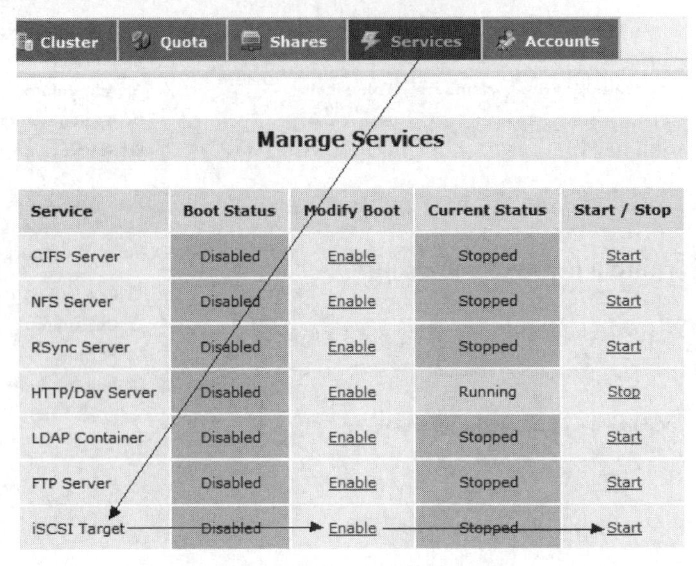

图 4-21　设置 iSCSI 磁盘（10）

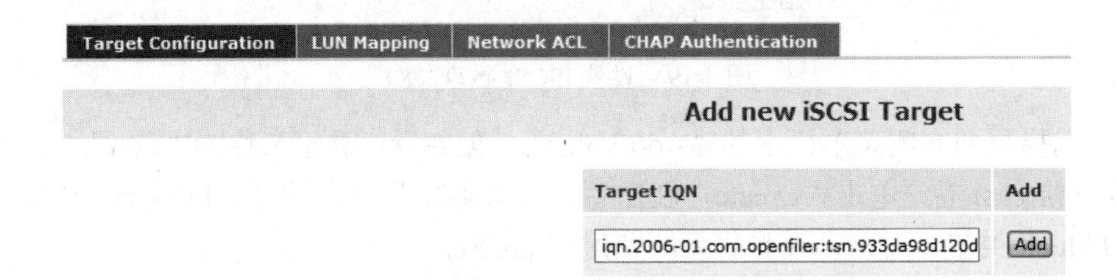

图 4-22　设置 iSCSI 磁盘（11）

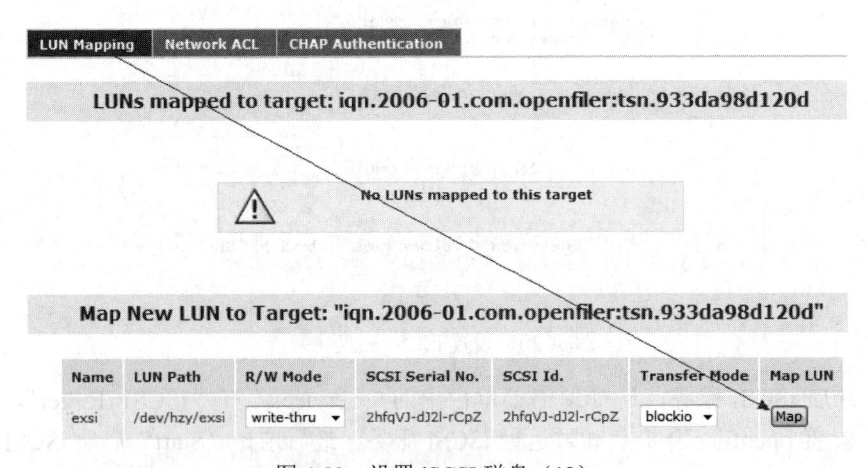

图 4-23　设置 iSCSI 磁盘（12）

5

配置 vSphere 存储

项目描述

基于 Openfiler 的网络存储系统搭建完毕，需要把在网络存储系统中的 iSCSI 磁盘分配给 ESXi 主机使用。考虑到安全方面的因素，需要通过认证才能使用该 iSCSI 磁盘。

所需知识

1. 支持的存储适配器

存储适配器为 ESXi 主机提供到特定存储单元或网络的连接。

ESXi 支持不同的适配器类别，包括 SCSI、RAID、光纤通道、以太网上的光纤通道（FCoE）和以太网。ESXi 通过 VMkernel 中的设备驱动程序直接访问适配器。

根据所使用的存储器类型，可能需要在主机上启用和配置存储适配器。

2. 虚拟机如何访问存储器

当虚拟机与存储在数据存储器上的虚拟磁盘进行通信时，它会发出 SCSI 命令。由于数据存储可以存在于各种类型的物理存储器上，因此根据 ESXi 主机用来连接存储设备的协议，这些命令会封装成其他形式。

ESXi 支持光纤通道（FC）、Internet SCSI（iSCSI）、以太网上的光纤通道（FCoE）和 NFS 协议。无论主机使用何种类型的存储设备，虚拟磁盘始终会以挂载的 SCSI 设备形式呈现给虚拟机。虚拟磁盘会向虚拟机操作系统隐藏物理存储器层，这样可以在虚拟机内部运行未针对特定存储设备（如 SAN）而认证的操作系统。

图 5-1 描述了使用不同存储器类型的五个虚拟机，以说明各个类型之间的区别。

ESXi 支持的联网存储器如表 5-1 所示。

表 5-1　ESXi 支持的联网存储器

技术	协议	传输	接口
Fibre Channel（光纤通道）	FC/SCSI	数据/LUN 的块访问	FC HBA
以太网光纤通道	FCoE/SCSI	数据/LUN 的块访问	聚合网络适配器（硬件 FCoE） 支持 FCoE 的网卡（软件 FCoE）

续表

技术	协议	传输	接口
iSCSI	IP/SCSI	数据/LUN 的块访问	iSCSI HBA 或启用 iSCSI 的网卡（硬件 iSCSI） 网络适配器（软件 iSCSI）
NAS	IP/NFS	文件（无直接 LUN 访问）	网络适配器

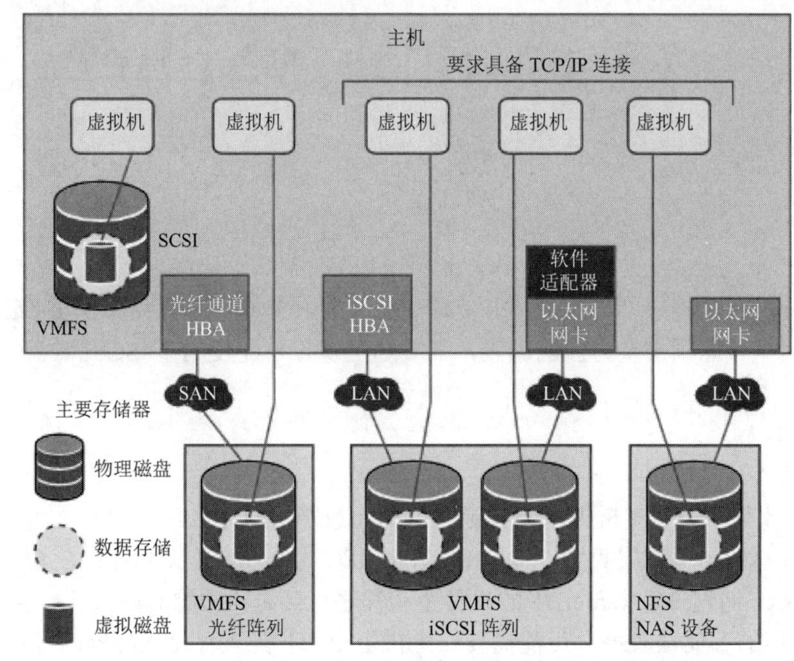

图 5-1　不同存储器类型

任务 1　挂载无验证的 iSCSI 磁盘

任务描述

运行 vSphere Client 并登录到 ESXi 主机，挂载 openfiler 中的 iSCSI 磁盘作为 ESXi 主机的数据存储。访问 iSCSI 磁盘无需认证。

任务实施

（1）运行 vSphere Client 并登录到 ESXi 主机。添加 iSCSI 存储适配器，选择“配置”→“存储适配器”→“添加”，弹出对话框，单击“确定”两次，如图 5-2、图 5-3 所示。

（2）配置 iSCSI 服务器信息，单击 iSCSI 存储适配器“详细信息”中的“属性”，弹出属性窗口。选择“动态发现”→“添加”。填入 iSCSI 服务器的 IP 地址（openfiler 的 IP 地址），端口按默认设置。最后，单击“确定”→“关闭”。配置过程如图 5-4、图 5-5 所示。

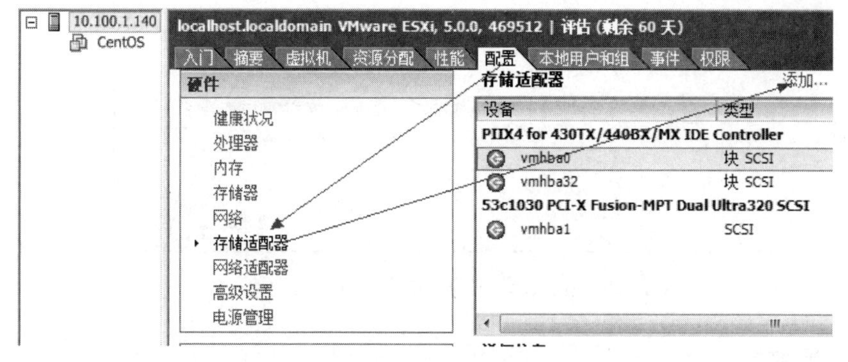

图 5-2　挂载无验证的 iSCSI 磁盘（1）

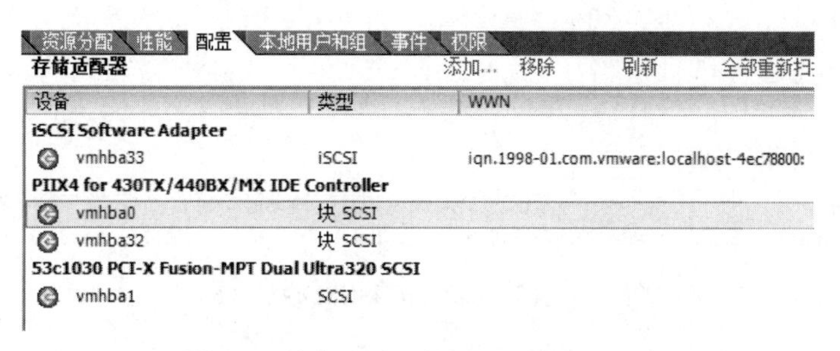

图 5-3　挂载无验证的 iSCSI 磁盘（2）

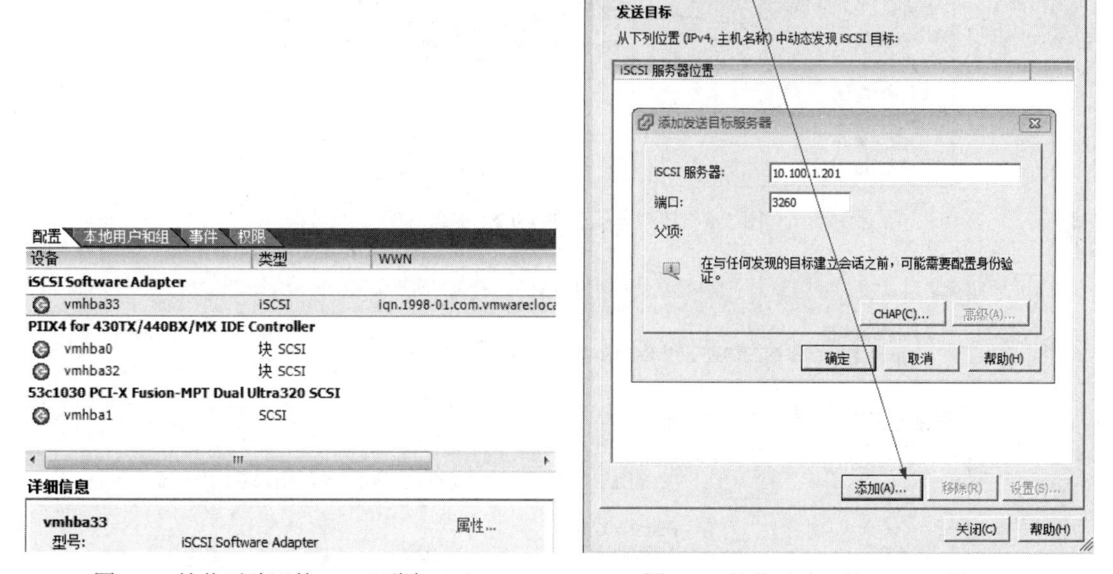

图 5-4　挂载无验证的 iSCSI 磁盘（3）　　图 5-5　挂载无验证的 iSCSI 磁盘（4）

（3）在弹出的“重新扫描”对话框中单击“是”，如图 5-6 所示。若挂载成功，如图 5-7 所示。

（4）挂载 iSCSI 磁盘。选择“配置”→“存储器”→“添加存储器”，在弹出的对话框中选择相应的设置，并填写数据存储名称，如图 5-8 至图 5-12 所示。

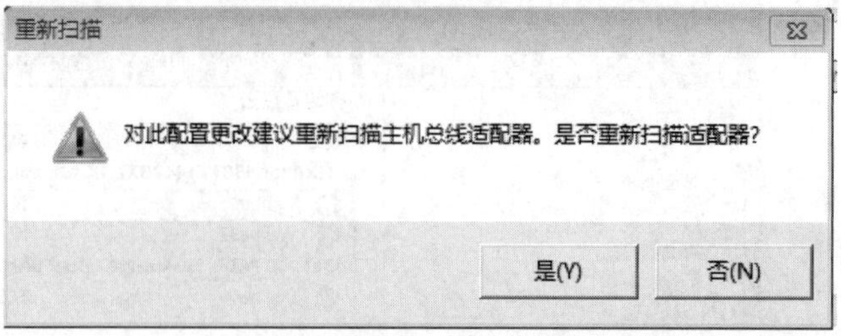

图 5-6　挂载无验证的 iSCSI 磁盘（5）

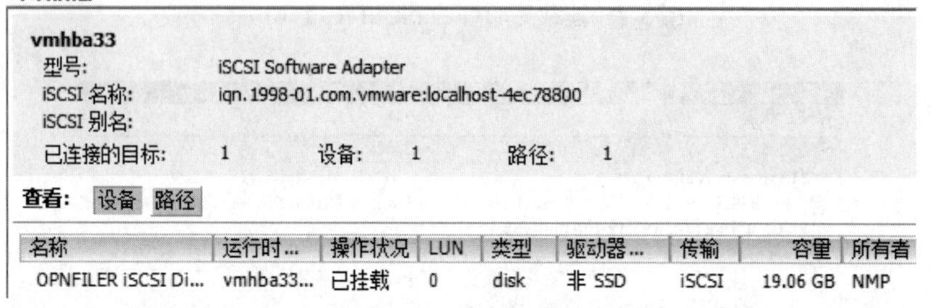

图 5-7　挂载无验证的 iSCSI 磁盘（6）

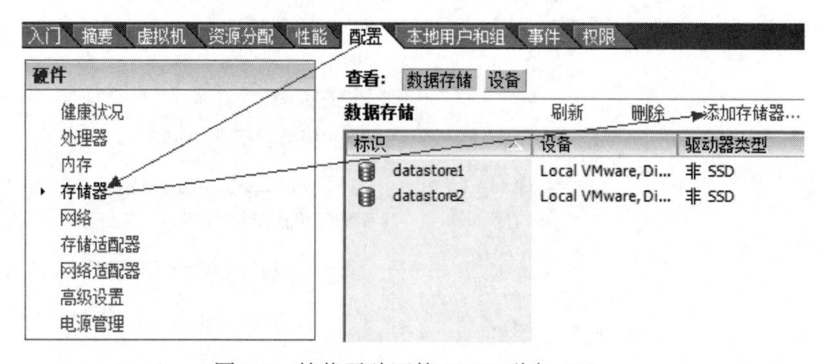

图 5-8　挂载无验证的 iSCSI 磁盘（7）

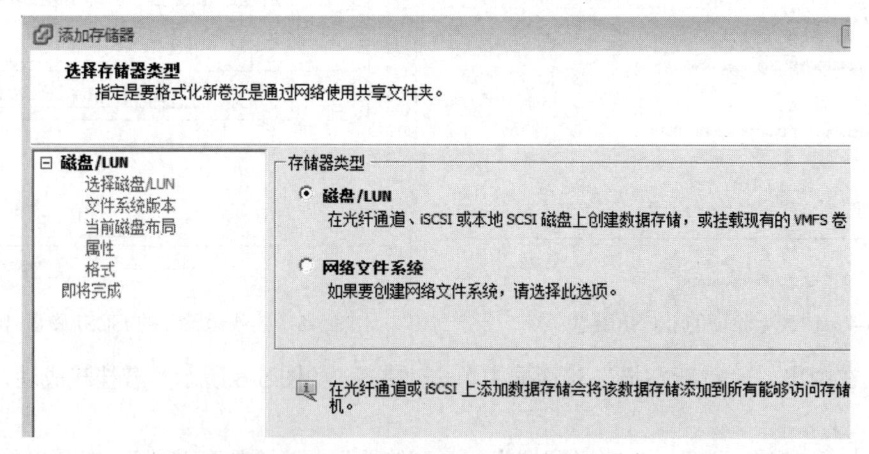

图 5-9　挂载无验证的 iSCSI 磁盘（8）

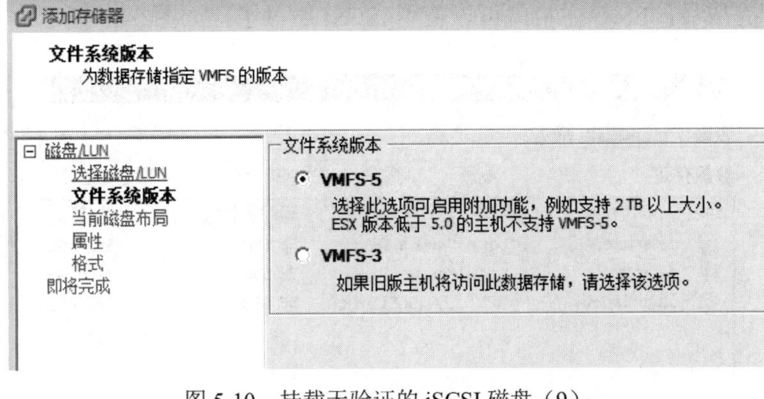

图 5-10　挂载无验证的 iSCSI 磁盘（9）

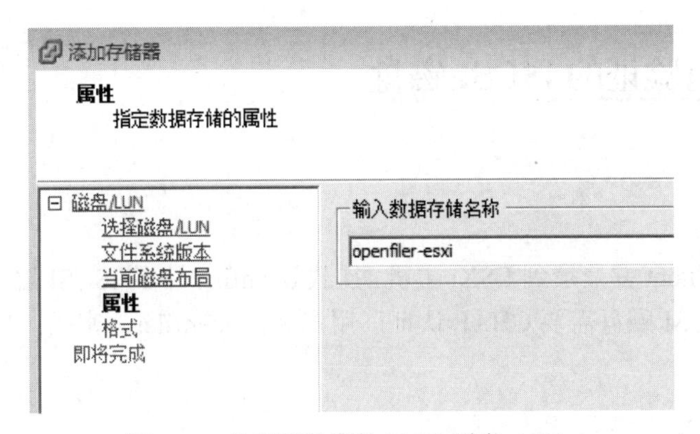

图 5-11　挂载无验证的 iSCSI 磁盘（10）

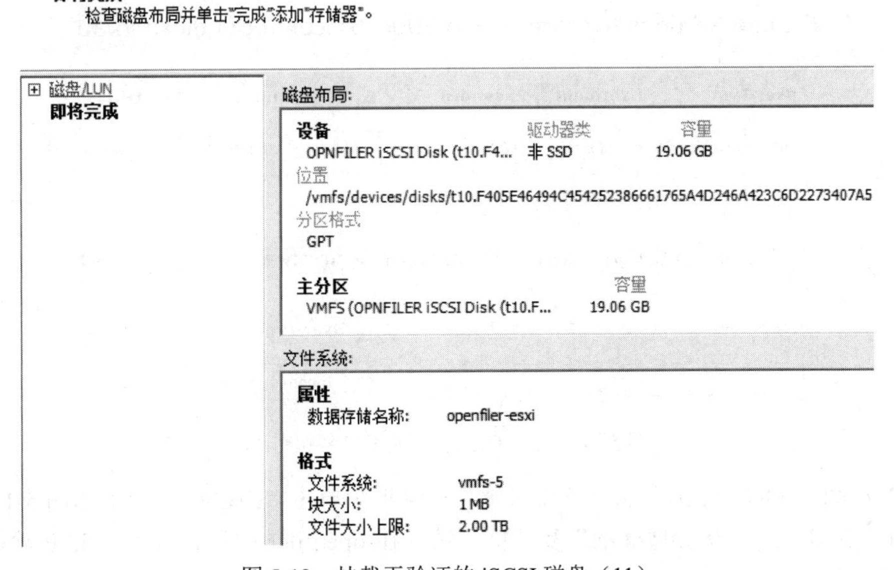

图 5-12　挂载无验证的 iSCSI 磁盘（11）

（5）配置完成后，ESXi 主机就可以使用 iSCSI 磁盘了，如图 5-13 所示。

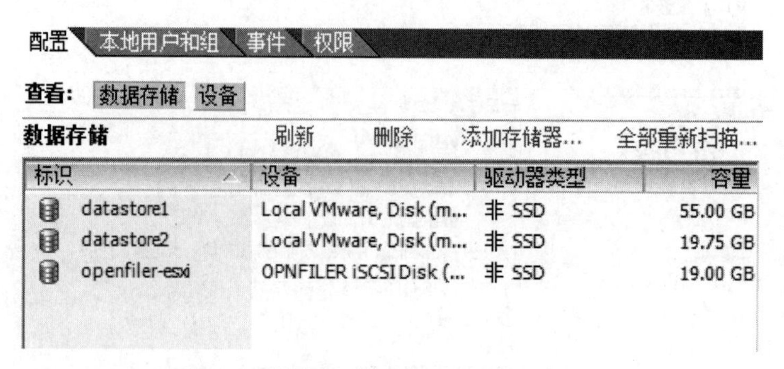

图 5-13　挂载无验证的 iSCSI 磁盘（12）

任务 2　挂载有验证的 iSCSI 磁盘

任务描述

运行 vSphere Client 并登录到 ESXi 主机，挂载 openfiler 中的 iSCSI 磁盘作为 ESXi 主机的数据存储。访问 iSCSI 磁盘需要 CHAP 认证（用户名：openfiler，密码：123456）。

任务实施

（1）在 openfiler 中设置 CHAP 验证用户名和密码，如图 5-14 所示。

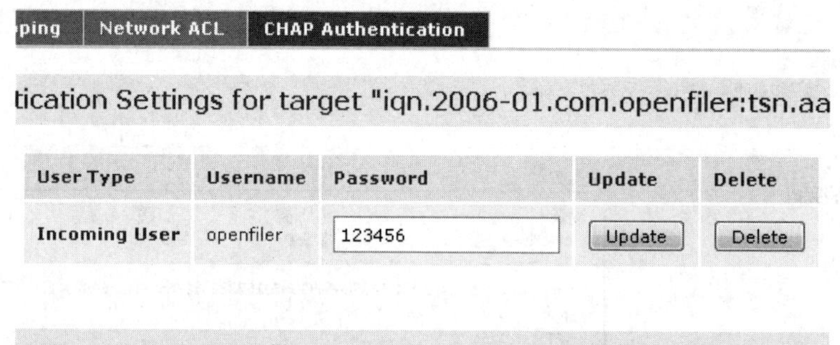

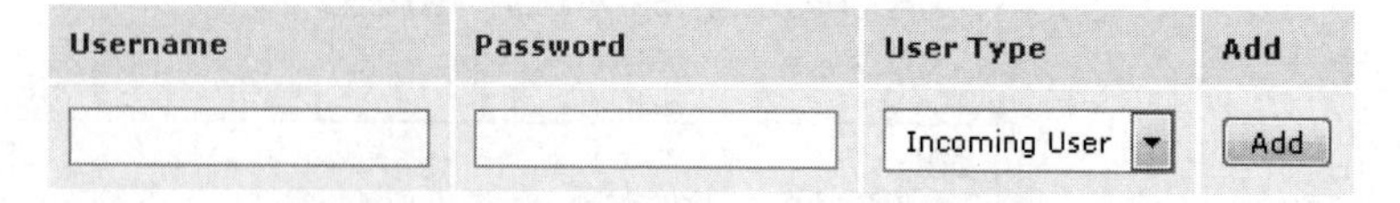

图 5-14　设置 CHAP 验证用户名和密码

（2）在图 5-5 的"添加发送目标服务器"对话框中单击"CHAP"，弹出如图 5-15 所示的设置界面，取消勾选"从父项继承"复选框。填入在 openfiler 中设置好的 CHAP 验证用户名和密钥，如图 5-16 所示。

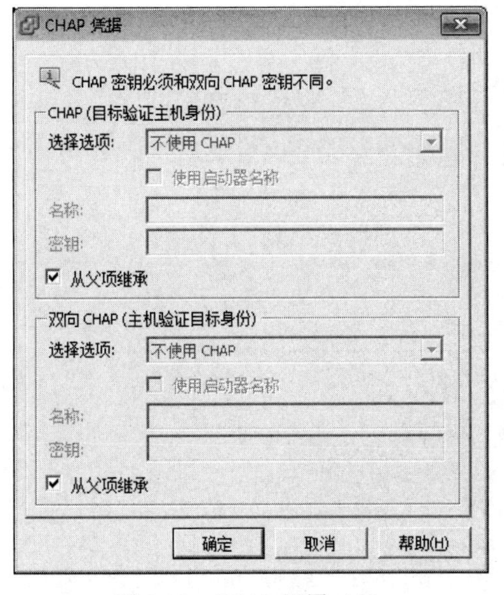

图 5-15　CHAP 配置（1）

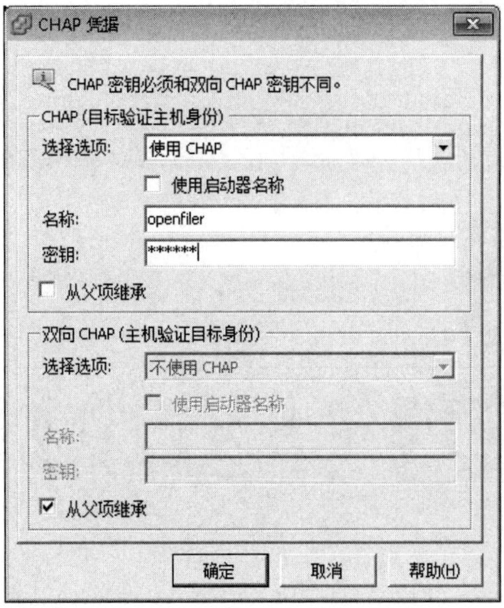

图 5-16　CHAP 配置（2）

（3）挂载成功，如图 5-17 所示。

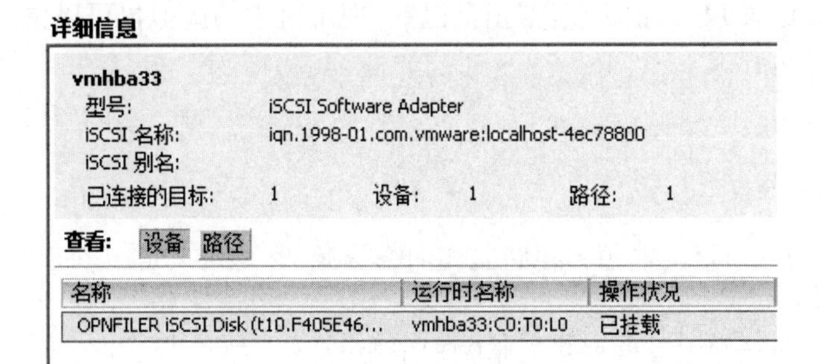

图 5-17　挂载成功

6

管理 ESXi 主机资源

项目描述

学校信息中心为了充分利用现有的硬件资源，将实施一个虚拟化项目，把原有的 2 台服务器进行虚拟化。通过对 ESXi 主机资源进行配置，使主机中的虚拟机可以更好地获得资源，在最优的资源状态下运行。

所需知识

1. 资源类型

资源包括 CPU、内存、电源、存储器和网络资源。

2. 资源提供方

主机和群集（包括数据存储群集）是物理资源的提供方。

对于主机，可用的资源是主机的硬件规格减去虚拟化软件所用的资源。

群集是一组主机。可以使用 vSphere Web Client 创建群集，并将多个主机添加到群集，vCenter Server 一起管理这些主机的资源。群集拥有所有主机的全部 CPU 和内存，可以针对联合负载平衡或故障切换来启用群集。有关详细信息请参见创建 DRS 群集。

数据存储群集是一组数据存储，和 DRS 群集一样，可以使用 vSphere Web Client 创建数据存储群集，并将多个数据存储添加到群集。vCenter Server 一起管理数据存储资源，可以启用 Storage DRS 来平衡 I/O 负载和空间使用情况。有关详细信息请参见创建数据存储群集。

3. 资源用户

虚拟机是资源用户。

创建期间分配的默认资源设置适用于大多数计算机。可以在以后编辑虚拟机设置，以便基于份额分配占资源提供方的总 CPU、内存以及存储 I/O 的百分比，或者分配所保证的 CPU 和内存预留量。启动虚拟机时，服务器会先检查是否有足够的未预留资源可用，并仅在有足够的资源时才允许启动虚拟机。此过程称为接入控制。

资源池是灵活管理资源的逻辑抽象。资源池可以分组为层次结构，用于对可用的 CPU 和内存资源按层次结构进行分区。相应地，资源池既可以被视为资源提供方，也可以被视为资源用户。它们向子资源池和虚拟机提供资源，但是，由于它们也消耗其父资源池和虚拟机的资源，因此它们同时也是资源用户。有关详细信息请参见管理资源池。

ESXi 主机根据以下因素为每个虚拟机分配一部分基础硬件资源：

（1）由用户定义的资源限制。

（2）ESXi 主机（或群集）的可用资源总量。

（3）启动的虚拟机数目和这些虚拟机的资源使用情况。

（4）管理虚拟化所需的开销。

4. 资源管理的目标

管理资源时，应清楚自己的目标。

除了可以解决资源过载的问题，资源管理还可以帮助实现以下目标：

（1）性能隔离——防止虚拟机独占资源并保证服务率的可预测性。

（2）高效使用——利用未过载的资源并在性能正常降低的情况下过载。

（3）易于管理——控制虚拟机的相对重要性，提供灵活的动态分区并且符合绝对服务级别协议。

5. 资源分配份额

份额指定虚拟机（或资源池）的相对重要性。如果某个虚拟机的资源份额是另一个虚拟机的两倍，则在这两个虚拟机争用资源时，第一个虚拟机有权消耗两倍于第二个虚拟机的资源。

份额通常指定为高、正常或低，这些值将分别按 4:2:1 的比例指定份额值。还可以选择自定义为各虚拟机分配特定的份额值（表示比例权重）。

指定份额仅对同级虚拟机或资源池（即在资源池层次结构中具有相同父级的虚拟机或资源池）有意义。同级将根据其相对份额值共享资源，该份额值受预留和限制的约束，为虚拟机分配份额时，始终会相对于其他已打开电源的虚拟机来为该虚拟机指定优先级。

表 6-1 显示了虚拟机的默认 CPU 和内存份额值。对于资源池，默认 CPU 份额值和内存份额值是相同的，但是必须将二者相乘，就好像资源池是具有四个虚拟 CPU 和 16GB 内存的虚拟机一样。

表 6-1 虚拟机的默认 CPU 和内存份额值

设置	CPU 份额值	内存份额值
高	每个虚拟 CPU 具有 2000 个份额	所配置的虚拟机内存的每兆字节具有 20 个份额
正常	每个虚拟 CPU 具有 1000 个份额	所配置的虚拟机内存的每兆字节具有 10 个份额
低	每个虚拟 CPU 具有 500 个份额	所配置的虚拟机内存的每兆字节具有 5 个份额

例如，一台具有两个虚拟 CPU 和 1GB 内存且 CPU 和内存份额设置为正常的 SMP 虚拟机具有 2×1000=2000 个 CPU 份额和 10×1024=10240 个内存份额。

6. 资源分配预留

预留指定保证为虚拟机分配的最少资源量。

仅在有足够的未预留资源满足虚拟机的预留时，vCenter Server 或 ESXi 才允许打开虚拟机电源。即使物理服务器负载较重，服务器也会确保该资源量。预留用具体单位吉赫兹（GHz）或兆字节（MB）表示。

例如，假定有 2GHz 可用，并且为 VM1 和 VM2 各指定了 1GHz 的预留量。现在每个虚拟机都能保证在需要时获得 1GHz。但是，如果 VM1 只用了 500MHz，则 VM2 可使用 1.5GHz，预留默认为 0。可以指定预留以保证虚拟机始终可使用最少的必要 CPU 或内存量。

7. 资源分配限制

限制功能为可以分配到虚拟机的 CPU、内存或存储 I/O 资源指定上限。

服务器分配给虚拟机的资源可大于预留，但决不可大于限制，即使系统上有未使用的资源也是如此。限制用具体单位吉赫兹（GHz）或兆字节（MB）或每秒 I/O 操作数表示。

CPU、内存和存储 I/O 资源限制默认为无限制。如果内存无限制，则在创建虚拟机时为该虚拟机配置的内存量将成为其有效限制因素。

多数情况下无需指定限制。指定限制的优缺点如下。

优点：如果开始时虚拟机的数量较少，并且想对用户期望数量的虚拟机进行管理，则分配一个限制将非常有效。但随着用户添加的虚拟机数量增加，性能将会降低。因此，可以通过指定限制来模拟减少可用资源。

缺点：如果指定限制，可能会浪费闲置资源。系统不允许虚拟机使用的资源超过限制，即使系统未充分利用并且有闲置资源可用时也是如此，且仅在有充分理由的情况下指定限制。

8. 虚拟机内存

每个虚拟机均会根据其配置大小消耗内存，还会消耗额外开销内存以用于虚拟化。

配置大小是提供给客户机操作系统的内存量，这与分配给虚拟机的物理内存量不同，后者取决于主机上的资源设置（份额、预留和限制）和内存压力级别。

例如，考虑配置大小为 1GB 的虚拟机。当客户机操作系统引导时，系统会检测到它正运行在具有 1GB 物理内存的专用计算机上。有些情况下，可能向虚拟机分配全部内容（即 1GB）；在其他情况下，虚拟机可能会得到较小的分配量。无论实际分配如何，客户机操作系统都会继续运行，就好像正运行在具有 1GB 物理内存的专用计算机上一样。虚拟机内存类型与描述如表 6-2 所示。

表 6-2　虚拟机内存类型与描述

类型	描述
份额	如果可用量超过预留，则会为虚拟机指定相对优先级
预留	主机保证为虚拟机预留的物理内存量下限，即使内存过载也是如此。将预留设置为确保虚拟机高效运行的足够内存水平，这样就不会有过多的内存分页 在虚拟机消耗其预留的全部内存后，会允许其保留该内存量，并且不会将该内存回收，即使该虚拟机闲置也是如此。某些客户机操作系统（例如 Linux）在引导之后可能不会立即访问所配置的全部内存。在虚拟机消耗其预留的全部内存之前，VMkernel 可以将其预留的任何未使用部分分配给其他虚拟机。但是，在客户机的工作负载增加并且虚拟机消耗其全部预留之后，允许其保留此内存
限制	主机可分配给虚拟机的物理内存量的上限。虚拟机的内存分配还受其配置大小的隐式限制

9. 管理资源池

资源池是灵活管理资源的逻辑抽象。资源池可以分组为层次结构，用于对可用的 CPU 和内存资源按层次结构进行分区。

每个独立主机和每个 DRS 群集都具有一个不可见的根资源池，此资源池对该主机或群集的资源进行分组。根资源池之所以不显示，是因为主机（或群集）与根资源池的资源总是相同的。

用户可以创建根资源池的子资源池，也可以创建用户创建的任何子资源池的子资源池。每个子资源池都拥有部分父级资源，然而子资源池也可以具有各自的子资源池层次结构，每个层次结构代表更小部分的计算容量。

一个资源池可包含多个子资源池或虚拟机，可以创建共享资源的层次结构。处于较高级别的资源池称为父资源池，处于同一级别的资源池和虚拟机称为同级。群集本身表示根资源池，如果不创建子资源池，则只存在根资源池。

例如，资源池“办公”是资源池“四楼办公”的父资源池。资源池“办公”与 资源池“实训”是同级。实训下面的两个虚拟机也是同级。资源池“四楼办公”是资源池“办公”的子资源。资源池示例如图 6-1 所示。

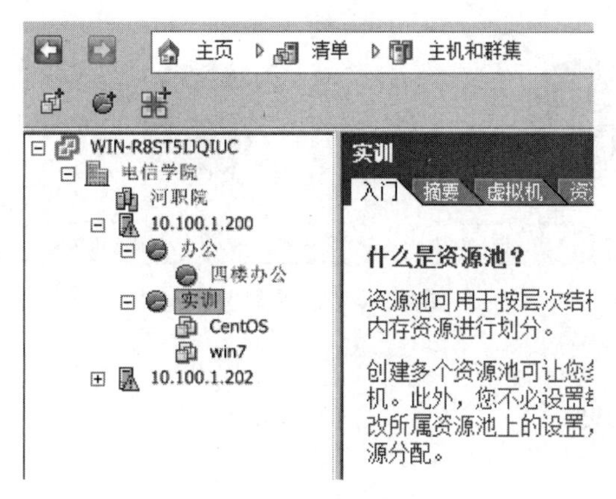

图 6-1　资源池示例

10. *为什么使用资源池*

通过资源池可以委派对主机（或群集）资源的控制权，在使用资源池划分群集内的所有资源时，其优势非常明显。可以创建多个资源池作为主机或群集的直接子级，并对它们进行配置，然后便可向其他个人或组织委派对资源池的控制权。

使用资源池具有下列优点：

（1）灵活的层次结构组织。根据需要添加、移除、重组资源池，或者更改资源分配。

（2）资源池之间相互隔离，资源池内部相互共享。顶级管理员可向部门级管理员提供一个资源池。某部门资源池内部的资源分配变化不会对其他不相关的资源池造成不公平的影响。

（3）访问控制和委派。顶级管理员使资源池可供部门级管理员使用后，该管理员可以在当前的份额、预留和限制设置向该资源池授予的资源范围内进行所有的虚拟机创建和管理操作。委派通常结合权限设置一起执行。

（4）资源与硬件的分离。如果使用的是已启用 DRS 的群集，则所有主机的资源始终会分配给群集，这意味着管理员可以独立于提供资源的实际主机来进行资源管理。如果将三台 2GB 主机替换为两台 3GB 主机，无需对资源分配进行更改。

这一分离可使管理员更多地考虑聚合计算能力而非各个主机。

（5）管理运行多层服务的各组虚拟机。为资源池中的多层服务进行虚拟机分组，无需对每个虚拟机进行资源设置，相反，通过更改所属资源池上的设置，可以控制对虚拟机集合的聚合资源分配。

例如，假定一台主机拥有多个虚拟机。营销部门使用其中的三个虚拟机，QA 部门使用两个虚拟机。由于 QA 部门需要更多的 CPU 和内存，管理员为每组创建了一个资源池。管理员将 QA 部门资源池和营销部门资源池的 CPU 份额分别设置为高和正常，以便 QA 部门的用户可以运行自动测试。CPU 和内存资源较少的第二个资源池足以满足营销工作人员的较低负载要求。只要 QA 部门未完全利用所分配到的资源，营销部门就可以使用这些可用资源。资源池配置如图 6-2 所示。

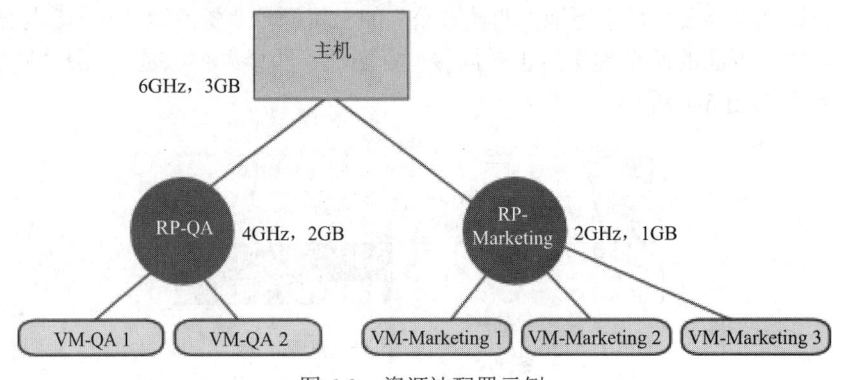

图 6-2　资源池配置示例

任务 1　创建资源池

任务描述

在 ESXi 主机 10.100.1.200 上创建“办公”和“实训”两个同级资源池，在“办公”资源池中创建子资源池“四楼办公”，虚拟机 CentOS 和 Win 7 使用“实训”资源池中的资源。

任务实施

（1）在 ESXi 主机 10.100.1.200 上创建“办公”资源池，右击该主机，选择“新建资源池”，如图 6-3 所示。

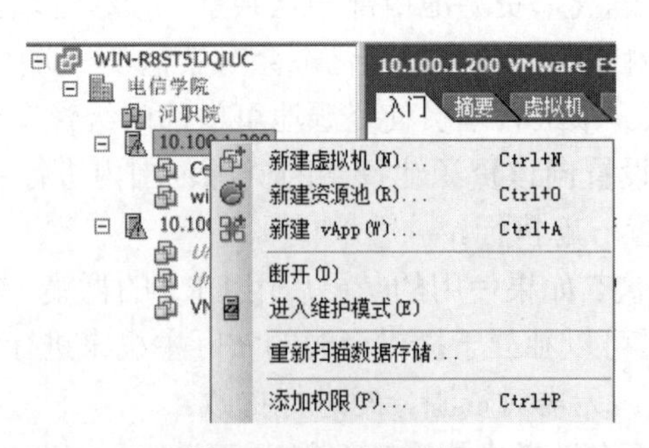

图 6-3　新建资源池

（2）在“创建资源池”对话框中输入资源池的名称，如图 6-4 所示。

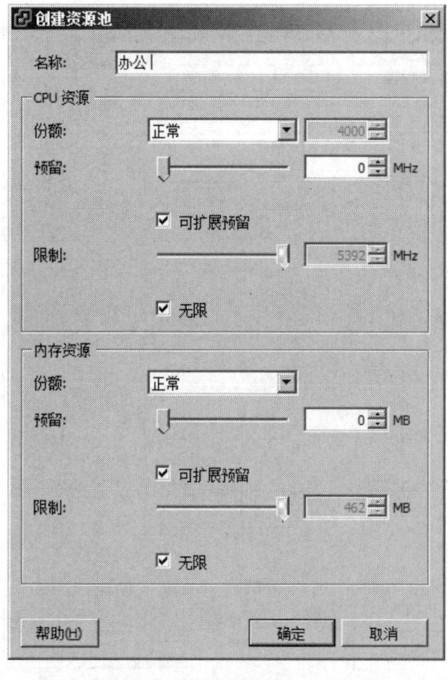

图 6-4 创建资源池（1）

（3）按照上述步骤，再新建一个同级的“实训”资源池，如图 6-5 所示。

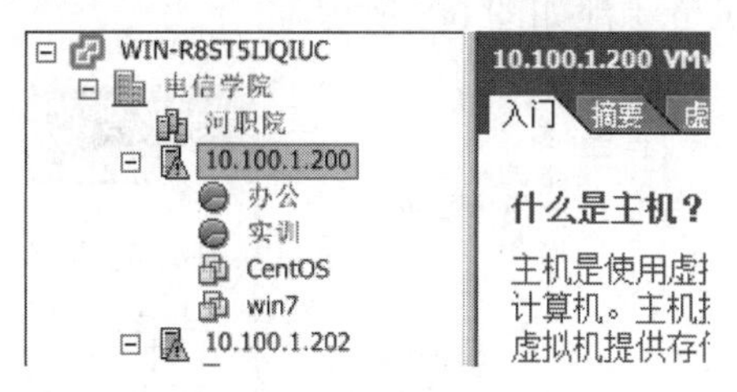

图 6-5 创建资源池（2）

（4）创建“办公”资源池的子资源池“四楼办公”资源池。右击“办公”资源池，选择“新建资源池”，如图 6-6 所示。

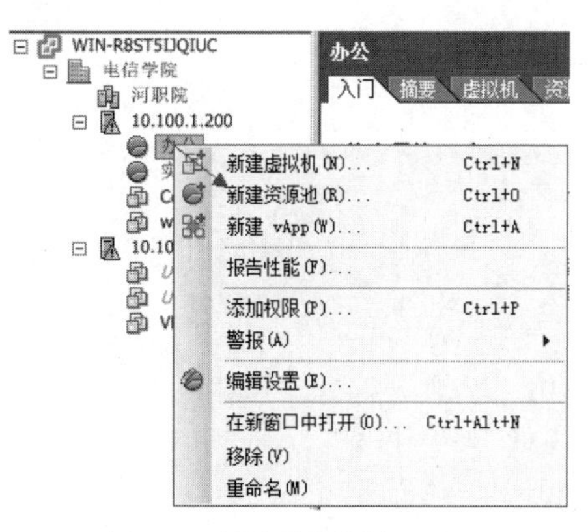

图 6-6 创建子资源池（1）

（5）输入子资源池的名称，如图 6-7 所示。

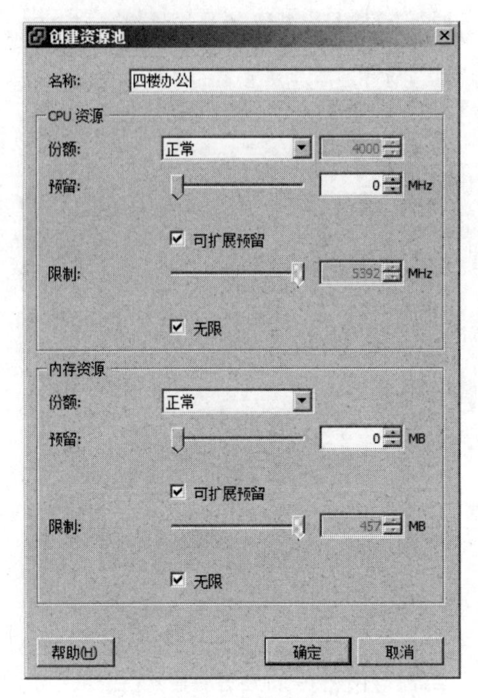

图 6-7 创建子资源池（2）

（6）创建完成后的主机资源池如图 6-8 所示。

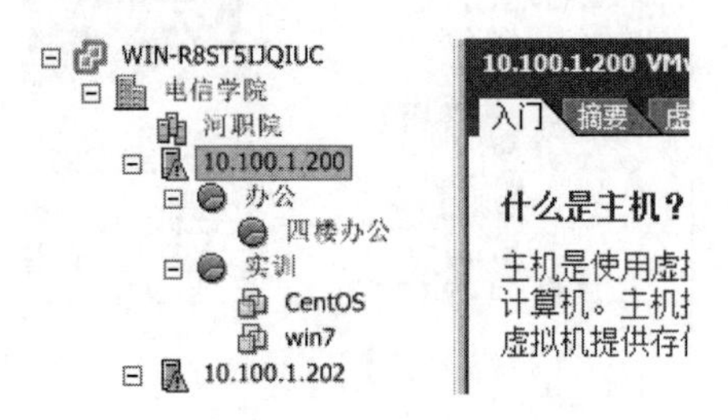

图 6-8 资源池创建完成

7

迁移虚拟机

项目描述

学校信息中心为了充分利用现有的硬件资源，将实施一个虚拟化项目，把原有的 4 台服务器进行虚拟化。由于实际情况的需要，要将服务器之间的虚拟机进行迁移。

所需知识

1. vSphere vMotion 网络要求

通过 vMotion 迁移要求已在源主机和目标主机上正确配置网络接口。

为每个主机至少配置一个 vMotion 流量网络接口。为了确保数据传输安全，vMotion 网络必须是只有可信方有权访问的安全网络。额外带宽大大提高了 vMotion 性能。如果在不使用共享存储的情况下通过 vMotion 迁移虚拟机，虚拟磁盘的内容也将通过网络进行传输。

vMotion 网络流量未加密，应置备安全专用网络，仅供 vMotion 使用。

（1）并发 vMotion 迁移的要求

必须确保 vMotion 网络至少为每个并发 vMotion 会话提供 250 Mbps 的专用带宽。带宽越大，迁移完成的速度就越快。WAN 优化技术带来的吞吐量增加不计入 250 Mbps 的限制。

要确定可能的最大并发 vMotion 操作数，请参见有关同时迁移的限制。这些限制因主机到 vMotion 网络的链路速度不同而异。

（2）远距离 vMotion 迁移的往返时间

如果用户已经向环境应用适当的许可证，则可以在通过高网络往返滞后时间分隔的主机之间执行可靠迁移。对于 vMotion 迁移，支持的最大网络往返时间为 100ms。此往返时间允许用户将虚拟机迁移到距离较远的其他地理位置。

（3）多网卡 vMotion

用户可通过将两个或更多网卡添加到所需的标准交换机或 Distributed Switch，为 vMotion 配置多个网卡。有关详细信息，请参见位于 http://kb.vmware.com/kb/2007467 的 VMware 知识库文章。

2. vMotion 的虚拟机条件和限制

要使用 vMotion 迁移虚拟机，虚拟机必须满足特定网络、磁盘、CPU、USB 及其他设备的要求。

（1）源和目标管理网络 IP 地址系列必须匹配。用户不能将虚拟机从使用 IPv4 地址注册到 vCenter Server 的主机迁移到使用 IPv6 地址注册的主机。

（2）用户不能使用 vMotion 迁移功能来迁移将裸磁盘用于群集的虚拟机。

（3）如果已启用虚拟 CPU 性能计数器，则可以将虚拟机只迁移到具有兼容 CPU 性能计数器的主机。

（4）可以迁移启用了 3D 图形的虚拟机。如果 3D 渲染器设置为“自动”，虚拟机会使用目标主机上显示的图形渲染器。渲染器可以是主机 CPU 或 GPU 图形卡。要使用设置为“硬件”的 3D 渲染器迁移虚拟机，目标主机必须具有 GPU 图形卡。

（5）用户可使用连接到主机上物理 USB 设备的 USB 设备迁移虚拟机。用户必须使设备能够支持 vMotion。

（6）如果虚拟机使用目标主机上无法访问的设备所支持的虚拟设备，则不能使用“通过 vMotion 迁移”功能来迁移该虚拟机。例如，用户不能使用由源主机上物理 CD 驱动器支持的 CD 驱动器迁移虚拟机。在迁移虚拟机之前，要断开这些设备的连接。

（7）如果虚拟机使用客户端计算机上设备所支持的虚拟设备，则不能使用“通过 vMotion 迁移”功能来迁移该虚拟机。在迁移虚拟机之前，要断开这些设备的连接。

（8）如果目标主机还具有 Flash Read Cache，则可以迁移使用 Flash Read Cache 的虚拟机。迁移期间，可以选择是迁移虚拟机缓存还是丢弃虚拟机缓存（例如缓存大小较大时）。

3. vMotion 的主机配置

使用 vMotion 之前，必须正确配置主机。

（1）必须针对 vMotion 正确许可每台主机。

（2）每台主机必须满足 vMotion 的共享存储器需求。

（3）每台主机必须满足 vMotion 的网络要求。

4. vMotion 共享存储器要求

（1）将要进行 vMotion 操作的主机配置为使用共享存储器，以确保源主机和目标主机均能访问虚拟机。

（2）在通过 vMotion 迁移期间，所迁移的虚拟机必须位于源主机和目标主机均可访问的存储器上。请确保要进行 vMotion 操作的主机都配置为使用共享存储器。共享存储可以位于光纤通道存储区域网络（SAN）上，也可以使用 iSCSI 和 NAS 实现。

5. 关于增强型 vMotion 兼容性

（1）可以使用增强型 vMotion 兼容性（Enhanced vMotion Compatibility，EVC）功能帮助确保群集内主机的 vMotion 兼容性。EVC 可以确保群集内的所有主机向虚拟机提供相同的 CPU 功能集，即使这些主机上的实际 CPU 不同也是如此。使用 EVC 可避免因 CPU 不兼容而导致通过 vMotion 迁移失败。

（2）在“群集设置”对话框中配置 EVC。配置 EVC 时，请将群集中的所有主机处理器配置为提供基准处理器的功能集，这种基准功能集称为 EVC 模式。EVC 利用 AMD-V Extended

Migration 技术（适用于 AMD 主机）和 Intel FlexMigration 技术（适用于 Intel 主机）屏蔽处理器功能，以便主机可提供早期版本的处理器的功能集。EVC 模式必须等同于群集中具有最小功能集的主机的功能集，或为主机功能集的子集。

（3）EVC 只会屏蔽影响 vMotion 兼容性的处理器功能。启用 EVC 不会妨碍虚拟机利用更快处理器速度、更多 CPU 内核或在较新的主机上可能使用的硬件虚拟化支持。

（4）EVC 无法在任何情况下都阻止虚拟机访问隐藏的 CPU 功能。未遵循 CPU 供应商推荐的功能检测方法的应用程序可能在 EVC 环境中会行为异常。此类行为异常的应用程序未遵照 CPU 供应商建议，无法支持 VMware EVC。

6. vMotion 在无共享存储的情况下的要求和限制

虚拟机及其主机必须满足资源和配置要求，才能在无共享存储的情况下通过 vMotion 迁移虚拟机文件和磁盘。无共享存储的环境中的 vMotion 具有以下要求和限制：

（1）主机必须获得 vMotion 的许可。

（2）主机必须运行 ESXi 5.1 或更高版本。

（3）主机必须满足 vMotion 的网络连接要求。请参见 vSphere vMotion 网络要求。

（4）必须针对 vMotion 对虚拟机进行正确配置。请参见 vMotion 的虚拟机条件和限制。

（5）虚拟机磁盘必须处于持久模式或者必须是裸设备映射（RDM）。请参见 Storage vMotion 要求和限制。

（6）目标主机必须能够访问目标存储。

（7）移动带有 RDM 的虚拟机但未将这些 RDM 转换成 VMDK 时，目标主机必须能够访问 RDM LUN。

（8）在无共享存储的情况下执行 vMotion 迁移时，应考虑同时迁移的限制。这种类型的 vMotion 要同时遵循 vMotion 和 Storage vMotion 的限制，因此同时占用网络资源和 16 个数据存储资源。请参见有关同时迁移的限制。

任务 1　迁移数据存储

任务描述

使用迁移数据存储的形式，将 ESXi 主机 10.100.1.200 上“实训”资源池中的“CentOS”虚拟机迁移到 ESXi 主机 10.100.1.202（注：实施 vMotion 迁移操作要在 vCenter Server 中进行）。

任务实施

（1）启用 vMotion 功能。选择 ESXi 主机 10.100.1.200“配置”中的“硬件”→“网络”，进入虚拟交换机配置界面，选择“属性”，在“属性”选项卡中选择“Management Network”→“编辑”。启用 vMotion 功能，ESXi 主机 10.100.1.202 做同样的配置，如图 7-1、图 7-2 所示。

（2）按照项目 5 中的步骤，为两台 ESXi 主机添加共享存储“openfiler-esxi”，如图 7-3 所示。

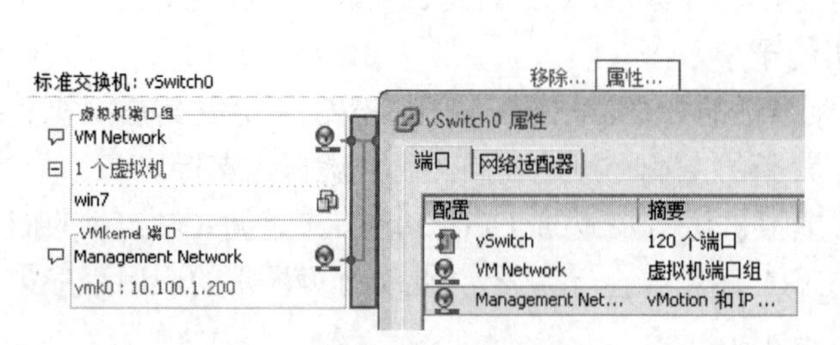

图 7-1 开启 vMotion 功能（1）

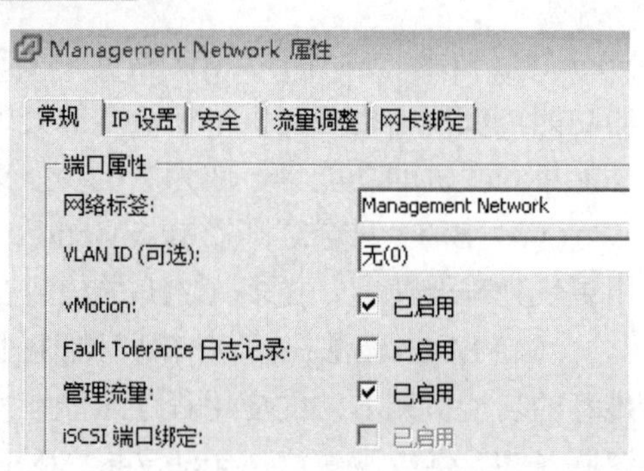

图 7-2 开启 vMotion 功能（2）

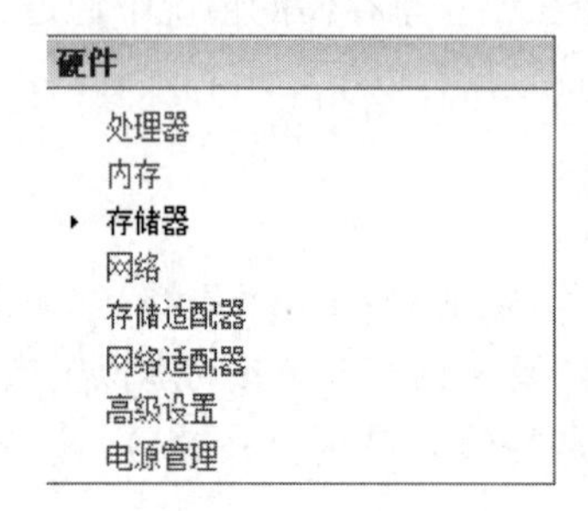

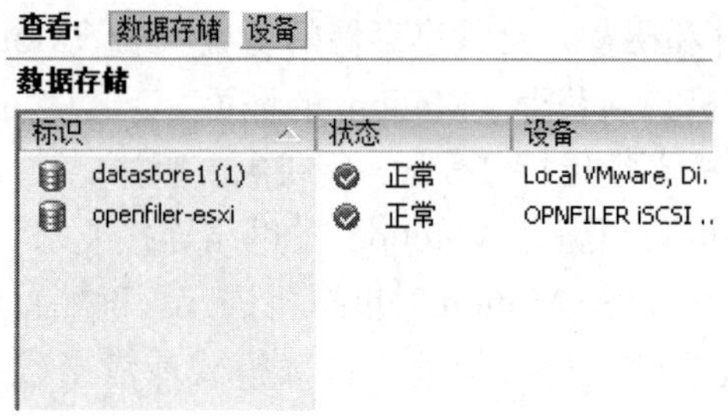

图 7-3 添加共享存储“openfiler-esxi”

（3）右击“CentOS”选择“迁移”，配置步骤如图 7-4 至图 7-6 所示。

选择迁移类型

更改虚拟机的主机、数据存储或二者同时更改。

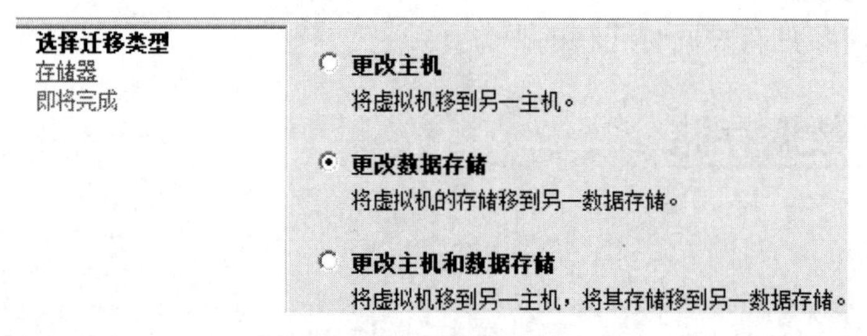

图 7-4 迁移数据存储（1）

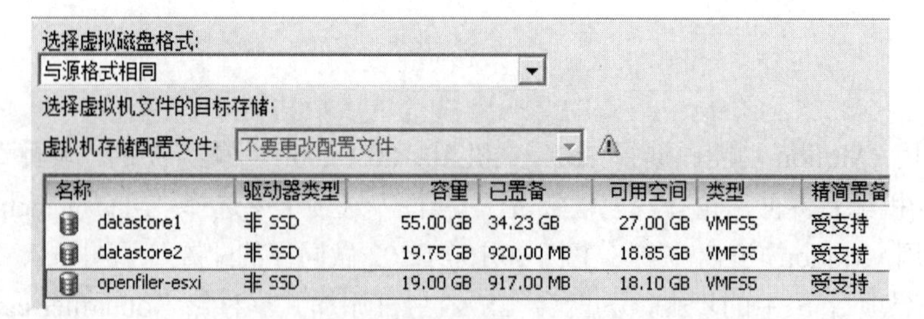

图 7-5 迁移数据存储（2）

图 7-6　迁移数据存储（3）

任务 2　迁移主机

任务描述

使用迁移主机的形式，将 ESXi 主机 10.100.1.200 上“实训”资源池中的“CentOS”虚拟机迁移到 ESXi 主机 10.100.1.202（注：vMotion 迁移要在 vCenter Server 中进行。使用迁移主机形式迁移虚拟机，虚拟机必须存储在共享存储）。

任务实施

（1）启用 vMotion 功能。任务 1 中已启用，此步省略。

（2）虚拟机必须存储在共享存储中，若已经是在共享存储中，则无需迁移数据存储。否则，必须先将数据迁移到共享存储中。任务 1 已迁移数据存储，此步省略。

（3）右击“CentOS”选择“迁移”，配置步骤如图 7-7 至图 7-9 所示。

选择迁移类型
选择目标
选择资源池
即将完成

更改主机
将虚拟机移到另一主机。

更改数据存储
将虚拟机的存储移到另一数据存储。

更改主机和数据存储
将虚拟机移到另一主机，将其存储移到另一数据存储。

图 7-7　迁移主机（1）

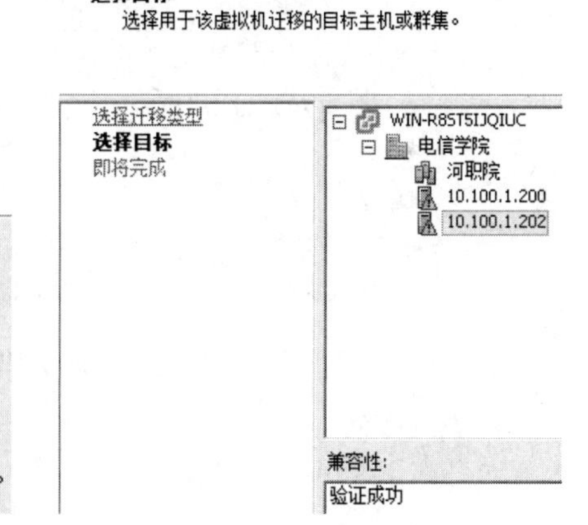

图 7-8　迁移主机（2）

图 7-9　迁移主机（3）

任务 3　迁移主机和数据存储

任务描述

使用迁移主机和数据存储的形式，将 ESXi 主机 10.100.1.202 上的“CentOS”虚拟机迁移到 ESXi 主机 10.100.1.200（注：实施 vMotion 迁移操作要在 vCenter Server 中进行）。

任务实施

（1）启用 vMotion 功能。任务 1 中已启用，此步省略。

（2）在 ESXi 主机 10.100.1.202 上右击“CentOS”选择“迁移”，配置步骤如图 7-10 至图 7-12 所示。

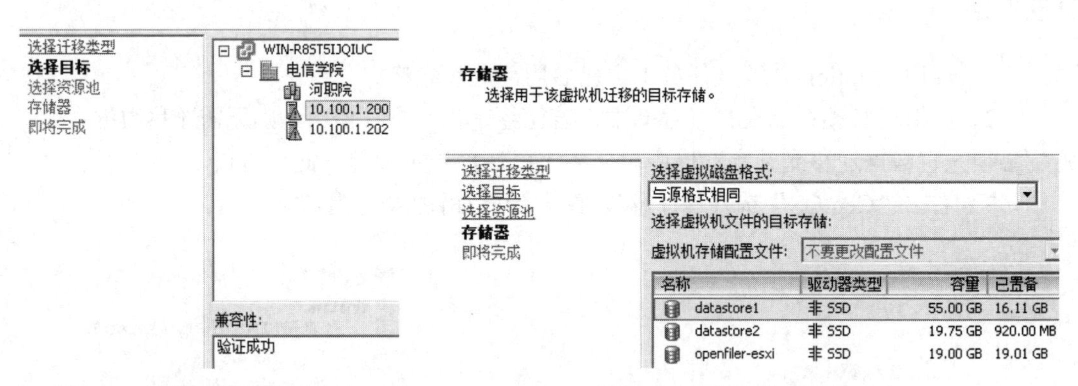

图 7-10　主机和数据存储（1）　　　图 7-11　主机和数据存储（2）

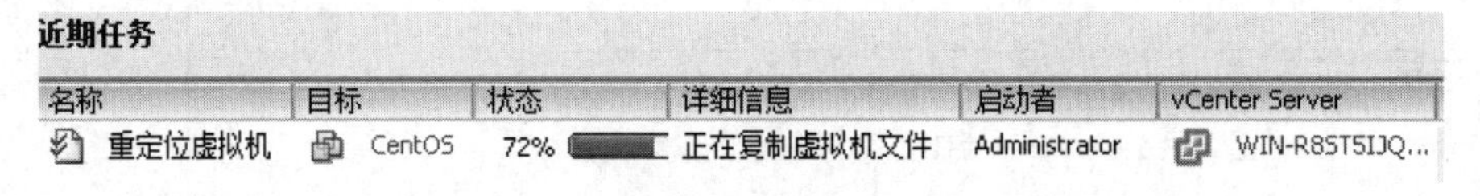

图 7-12　主机和数据存储（3）

8
备份虚拟机

项目描述

学校信息中心为了充分利用现有的硬件资源，将实施一个虚拟化项目，把原有的 2 台服务器进行虚拟化。ESXi 主机中虚拟机运行了 Web 等重要服务，为了服务能平稳运行，对主机中的虚拟机进行备份。

所需知识

1. VMware Data Recovery

VMware Data Recovery 可创建虚拟机备份，同时不会中断虚拟机的使用或其提供的数据和服务。Data Recovery 会管理现有备份，并在这些备份过时后将它们删除。它还支持去重复功能以删除冗余数据。

Data Recovery 建立在 VMware vStorage API for Data Protection 的基础上。它与 VMware vCenter Server 集成，使用户可以集中调度备份作业。通过与 vCenter Server 集成，还可以备份虚拟机，即使使用 VMware vMotion 或 VMware Distributed Resource Scheduler（DRS）移动这些虚拟机也是如此。Data Recovery 使用虚拟机设备和客户端插件来管理以及还原备份。备份设备是以开放虚拟化格式（OVF）提供的。Data Recovery 插件需要安装 VMware vSphere Client，可以在任何受 VMware ESX/ESXi 支持的虚拟磁盘上存储备份。用户可以使用存储区域网络（SAN）、网络附加存储（NAS）设备或基于公用 Internet 文件系统（CIFS）的存储（如 SAMBA）。所有备份的虚拟机都存储在去重复存储中。VMware Data Recovery 支持卷影复制服务（VSS），该服务可为某些 Windows 操作系统提供备份基础结构。

2. 备份虚拟机

备份期间，Data Recovery 会为虚拟机创建静默快照。在每次备份时，都将自动执行去重复功能。对于在 vSphere 4.0 或更高版本中创建的虚拟机，Data Recovery 设备会在备份过程中创建该虚拟机的静默快照。备份在 ESX/ESXi 主机上使用更改块跟踪功能，对于每个正在备份的虚拟磁盘，它会检查该虚拟磁盘的前一个备份，然后在 ESX/ESXi 主机上使用更改跟踪功能来获取自上次备份以来所作的更改。删除重复数据后存储会基于最新备份映像创建一个虚拟的完整备份，并对其应用更改。

如果发现虚拟机的重复部分，则会存储此信息记录，而不是将此信息存储两次。去重复可节省大量空间。运行相同操作系统的虚拟机的操作系统文件通常相同。要最大限度地去重复，请将类似的虚拟机备份到同一目标。使用同一作业时，不需要备份虚拟机。

每个 vCenter Server 实例最多可支持十个 Data Recovery 备份设备，而每个备份设备总共可保护 100 台虚拟机。创建这样的备份作业，将其所保护的虚拟机个数配置为超过 100 个，但是备份设备仅保护 100 个虚拟机，其他任何虚拟机都会被忽略。可通过安装其他备份设备来保护 100 个以上的虚拟机，但是不同的备份设备不能共享有关备份作业的信息。因此，可以建立意外配置。例如，可以配置两个 Data Recovery 备份设备以保护包含 200 个虚拟机的文件夹，但是这样可能会将一些虚拟机备份两次，而另一些虚拟机却根本没有备份。

3. 卷影复制服务静默

VMware Data Recovery 使用 Microsoft Windows 卷影复制服务（VSS）静默，该服务可为某些 Windows 操作系统提供备份基础结构，以及提供用于创建一致的时间点数据副本（称为卷影复制）的机制。VSS 通过与商用应用程序、文件系统服务、备份应用程序、快速恢复解决方案和存储硬件协调来生成一致的卷影复制。客户机操作系统中运行的 VMware Tools 提供 VSS 支持。VMware 提供 VSS 请求程序和 VSS 快照提供程序（VSP）。请求程序组件可用于受支持的客户机内，并会对外部备份应用程序的事件做出响应。初始化备份过程时，VMware Tools 服务将对请求程序进行实例化。VSP 作为一种 Windows 服务进行注册，并会在应用程序处于静默状态时通知 ESX/ESXi 主机，从而生成虚拟机的快照。根据在虚拟机中运行的客户机操作系统，Data Recovery 使用不同的静默机制。

由于 Data Recovery 使用 VSS，因此 Data Recovery 可以创建快照，同时可确保应用程序的一致性。这意味着，应用程序可向磁盘写入内存中当前存在的任何重要数据，并确保以后还原该虚拟机时，可将该应用程序还原为一致的状态。

4. 去重复存储的优点

VMware Data Recovery 所使用的去重复存储技术会评估要保存到还原点的模式，并检查是否已保存了相同的部分。

由于 VMware 支持存储多个备份作业的结果，以使用同一删除重复数据后存储、最大限度地提高去重复率，因此请确保将类似的虚拟机备份到同一目标。将类似的虚拟机备份到同一去重复存储中，不仅能够节省大量的空间，也无需再使用相同的作业备份类似的虚拟机了。即使当前未备份某些虚拟机，也会对所有存储的虚拟机进行删除重复数据评估。

Data Recovery 设计可支持高达一千吉字节的去重复存储，每个备份设备仅限使用两个去重复存储。Data Recovery 不限制去重复存储的大小，但如果去重复存储的大小超过一千吉字节，则可能会影响到性能。尽管 Data Recovery 不限制去重复存储的大小，但其他一些因素会限制去重复共享。因此，去重复存储最大限制如下：

（1）在 CIFS 网络共享上为 500GB。

（2）在 VMDK 和 RDM 上为 1TB。

去重复存储可以完成许多过程，包括完整性检查、重新编制目录和回收。

5. VMware Data Recovery 系统要求

在安装 VMware Data Recovery 之前，请确保环境中可满足系统和存储要求。

（1）Data Recovery 要求具有 vCenter Server 和 vSphere Client。Data Recovery 不能与类似的 VMware 产品（如 VirtualCenter Server）配合工作。可以从 vCenter Server 下载 vSphere Client。

（2）要备份的虚拟机和备份设备必须同时在 ESX/ESXi 4 或更高版本上运行。运行备份设备的 ESX/ESXi 主机必须由 vCenter Server 进行管理。

（3）当将 Data Recovery 与在链接模式下运行的 vCenter Server 一起使用时，登录与 Data Recovery 设备关联的 vCenter Server。

可以在任何受 ESX/ESXi 支持的虚拟磁盘上存储备份。可以使用多种技术，如存储区域网络（SAN）和网络附加存储（NAS）设备。Data Recovery 还支持基于公用 Internet 文件系统（CIFS）的存储，例如 SAMBA。

6. 特殊的 Data Recovery 兼容性注意事项

在环境中建立 Data Recovery 时，有一些需要了解的特殊注意事项。支持 Data Recovery 用于下列情况：

（1）每个 vCenter Server 实例支持十个 Data Recovery 备份设备。

（2）每个备份设备最多保护 100 个虚拟机。

（3）基于 VMDK 或 RDM 的去重复存储（最大 1TB），或基于 CIFS 的去重复存储（最大 500 GB）。

任务 1　安装 VMware Data Recovery

任务描述

在 vSphere Client 所在的管理主机中安装 VMware Data Recovery 插件，这样 vSphere Client 登录到 VCenter 中可以执行备份虚拟机功能。

任务实施

（1）使用解压缩工具打开 VMware Data Recovery.iso 镜像文件，将其解压。解压后运行 VMware Data Recovery Plugin.msi 安装包。一路单击“Next”完成安装，如图 8-1、图 8-2 所示。

图 8-1　安装 VMware Data Recovery（1）

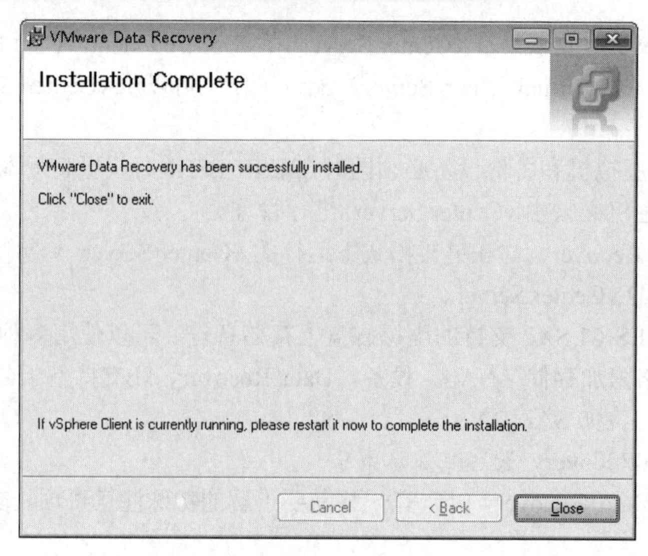

图 8-2　安装 VMware Data Recovery（2）

（2）使用 vSphere Client 登录 VCenter，则在“主页”界面可以看到 VMware Data Recovery 插件，如图 8-3 所示。

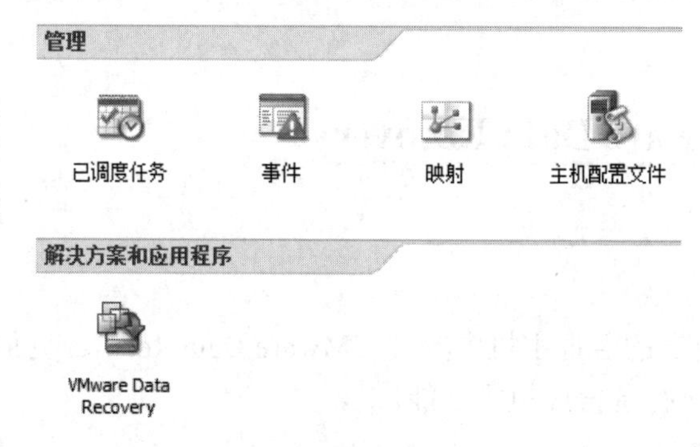

图 8-3　安装 VMware Data Recovery（3）

（3）部署 OVF 模板，在 vCenter 的菜单栏单击“文件”→“部署 OVF 模板”，选择图 8-1 中的“VMwareDataRecovery-ovf-i386”文件夹中的 OVF 模板进行部署。配置步骤如图 8-4 至图 8-10 所示。

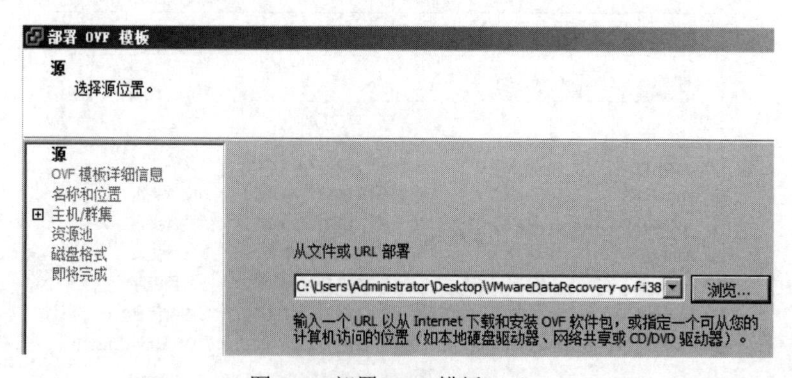

图 8-4　部署 OVF 模板（1）

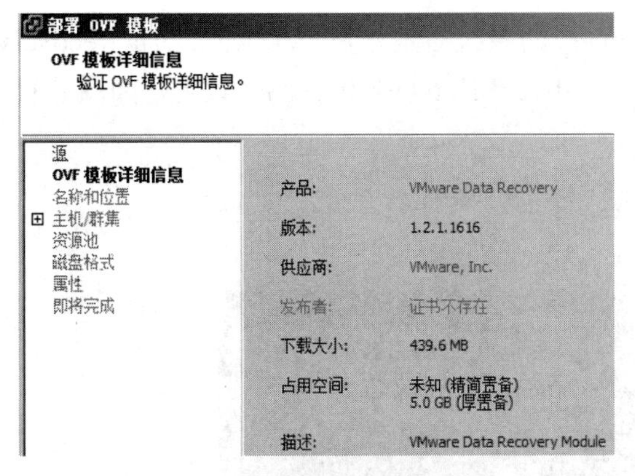

图 8-5　部署 OVF 模板（2）

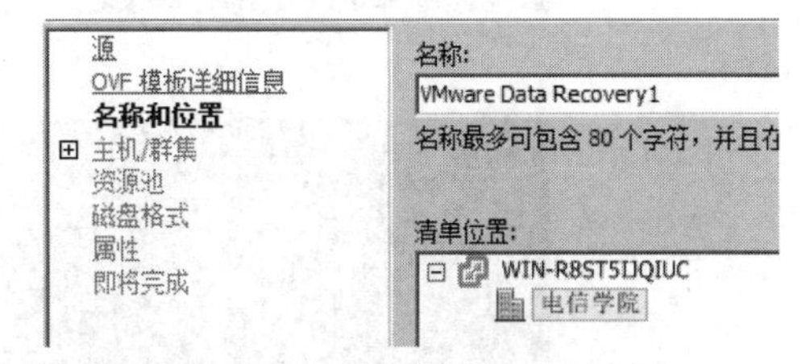

图 8-6　部署 OVF 模板（3）

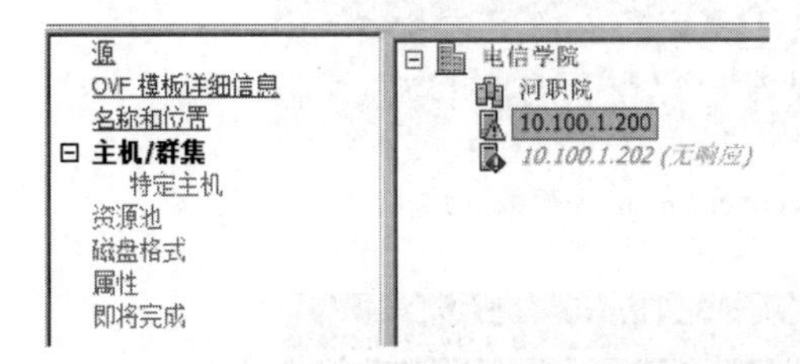

图 8-7　部署 OVF 模板（4）

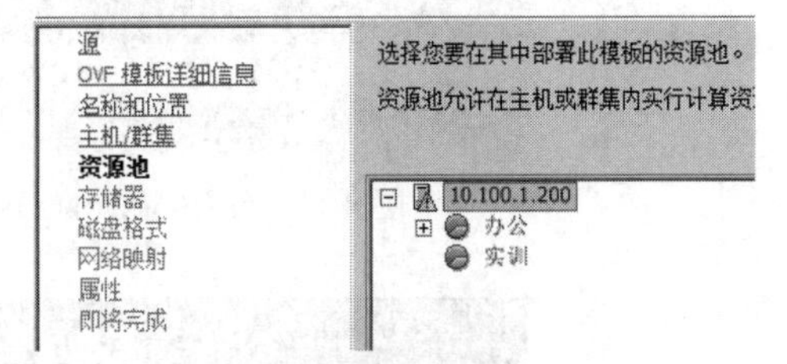

图 8-8　部署 OVF 模板（5）

图 8-9　部署 OVF 模板（6）

单击"完成"时将启动部署任务。

部署设置:

OVF 文件:	C:\Users\Administrator\Desktop\VMwareDataRecovery-ovf-i3
下载大小:	439.6 MB
占用空间:	5.0 GB
名称:	VMware DataRecovery1
文件夹:	电信学院
主机/群集:	10.100.1.200
数据存储:	datastore1
磁盘置备:	厚置备延迟置零
网络映射:	"Network 1"到"VM Network"
属性:	vami.timezone = UTC

图 8-10　部署 OVF 模板（7）

（4）导入完成后开机设置 VMware Data Recovery 的系统参数，登录 VMware Data Recovery 的用户名为 root，密码为 vmw@re，进入后利用 Configure Network 进行网络设置，如图 8-11、图 8-12 所示。

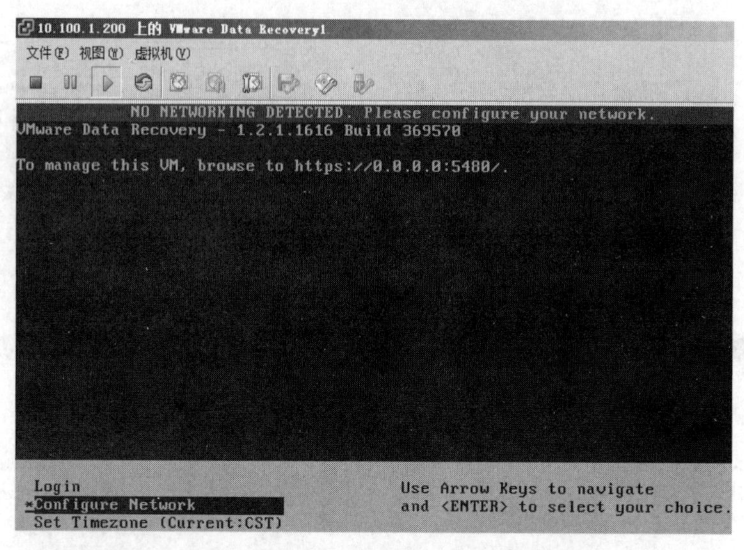

图 8-11　设置 VMware Data Recovery 的系统参数（1）

```
CHANGE NETWORK CONFIGURATION for eth0

Please enter the desired network parameters.
To exit, type q at any prompt.

Use a DHCP Server instead of a static IP Address? y/n [n]: n

IP Address []: 10.100.1.204
Netmask []: 255.0.0.0
Gateway []: 10.100.1.200
DNS Server 1 [10.17.0.1]:
DNS Server 2 [10.17.0.2]:
Hostname [localhost]:
Is a proxy server necessary to reach the Internet? y/n [n]: n

IP Address:      10.100.1.204
Netmask:         255.0.0.0
Gateway:         10.100.1.200
Proxy Server:
DNS Servers:     10.17.0.1, 10.17.0.2
Hostname:        localhost

Is this correct? y/n [y]: y_
```

图 8-12　设置 VMware Data Recovery 的系统参数（2）

任务 2　创建备份作业

任务描述

将 ESXi 主机 10.100.1.200 上的“CentOS”创建备份作业并进行备份。

任务实施

（1）在 Win 2008 下创建共享文件夹“esxi”，该文件夹用来保存备份数据。也可以在其他系统下，创建共享文件夹来保存备份数据。

（2）在 vCenter 依次单击“主页”→“解决方案和应用程序”→“VMware Data Recovery”，填入 VMware Data Recovery 虚拟机的 IP 地址，单击“连接”。在弹出的对话框中，输入 vCenter Server 的用户密码 123@abc，如图 8-13、图 8-14 所示。

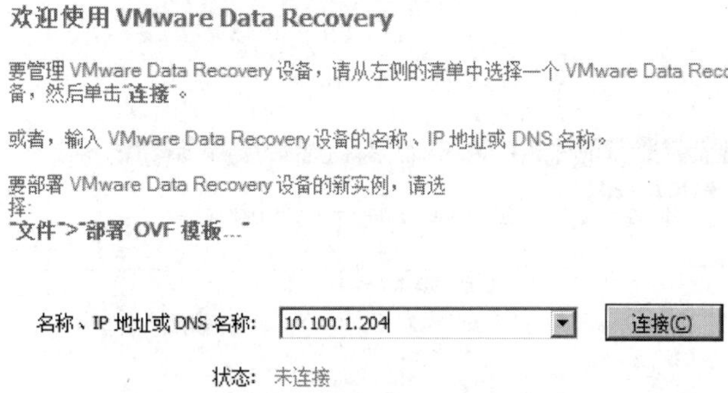

欢迎使用 VMware Data Recovery
要管理 VMware Data Recovery 设备，请从左侧的清单中选择一个 VMware Data Recovery 设备，然后单击"连接"。
或者，输入 VMware Data Recovery 设备的名称、IP 地址或 DNS 名称。
要部署 VMware Data Recovery 设备的新实例，请选择：
"文件">"部署 OVF 模板..."
名称、IP 地址或 DNS 名称：
10.100.1.204
连接(C)
状态：未连接

图 8-13　创建备份作业（1）

设置 vCenter Server 凭据
VMware Data Recovery 需要连接至 vCenter Server。请输入密码并单击“确定”。
vCenter Server:　10.100.1.203
用户名:　Administrator
密码:　*******
确定(O)
取消(C)

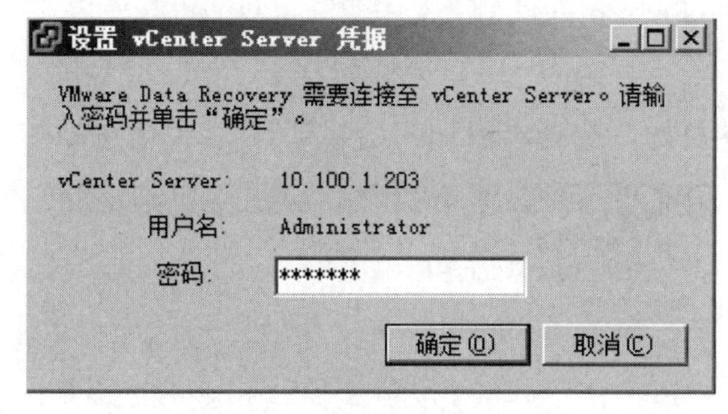

图 8-14　创建备份作业（2）

（3）选择“创建备份作业”，输入备份作业名称，如图 8-15 至图 8-17 所示。

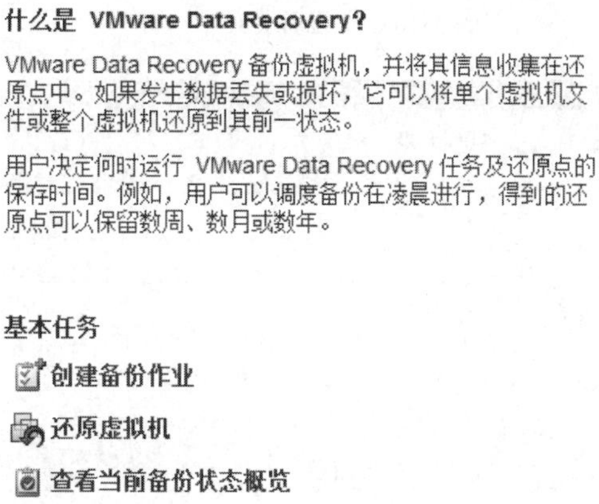

什么是 VMware Data Recovery?
VMware Data Recovery 备份虚拟机，并将其信息收集在还原点中。如果发生数据丢失或损坏，它可以将单个虚拟机文件或整个虚拟机还原到其前一状态。
用户决定何时运行 VMware Data Recovery 任务及还原点的保存时间。例如，用户可以调度备份在凌晨进行，得到的还原点可以保留数周、数月或数年。
基本任务
创建备份作业
还原虚拟机
查看当前备份状态概览

图 8-15　创建备份作业（3）

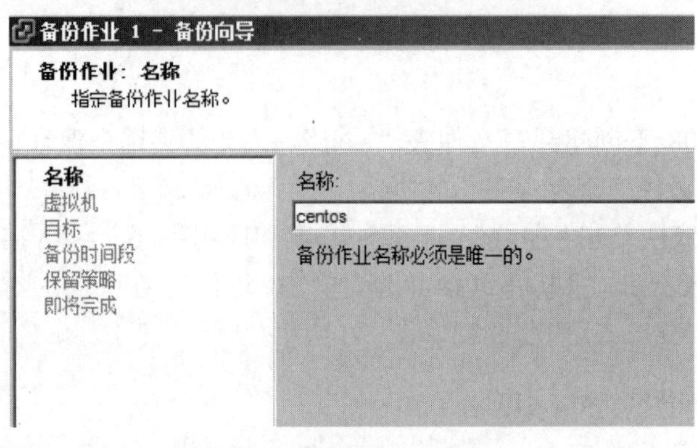

图 8-16 创建备份作业（4）

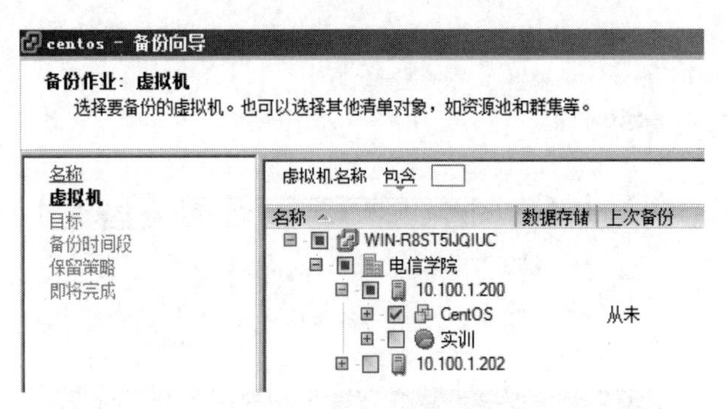

图 8-17 创建备份作业（5）

（4）添加备份存储目标。选择“添加网络共享”，相关信息如图 8-18、图 8-19 所示。

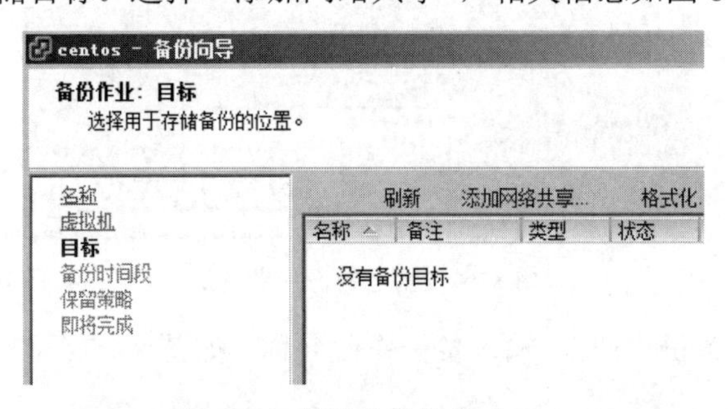

图 8-18 创建备份作业（6）

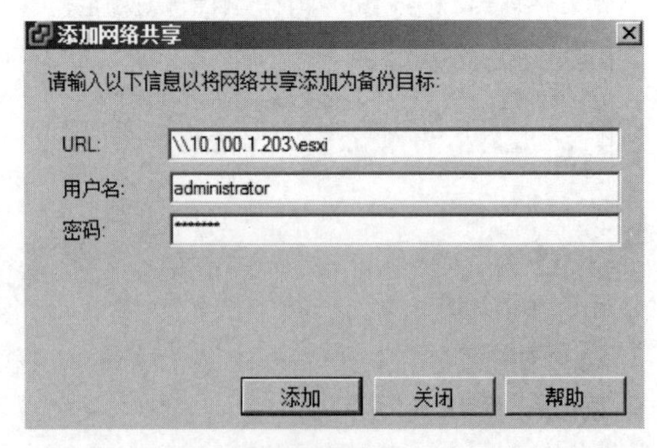

图 8-19 创建备份作业（7）

（5）选择备份时间段和保留策略，如图 8-20、图 8-21 所示。

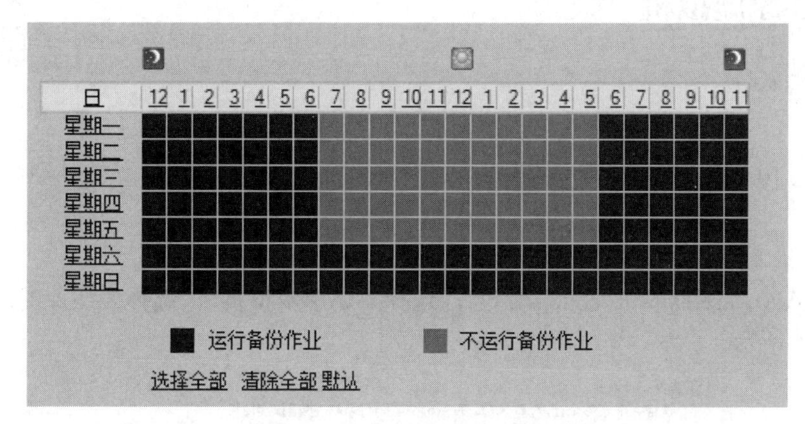

图 8-20　创建备份作业（8）

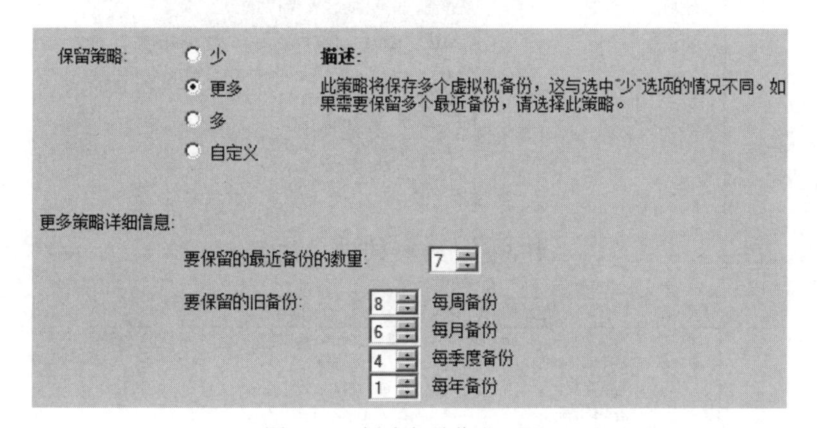

图 8-21　创建备份作业（9）

（6）备份作业概要如图 8-22 所示，单击“完成”。

图 8-22　创建备份作业（10）

任务 3　还原虚拟机

任务描述

将备份至 10.100.1.203 中的“CentOS”进行还原。

任务实施

（1）在 VMware Data Recovery 界面，选择“还原虚拟机”。选择要还原的虚拟机，如图 8-23、图 8-24 所示。

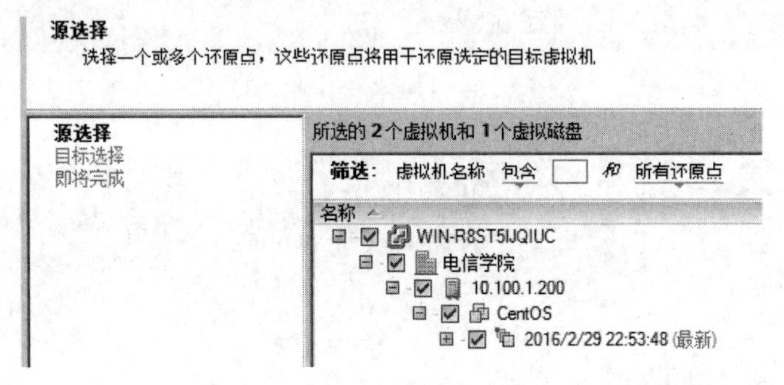

图 8-23　还原虚拟机（1）

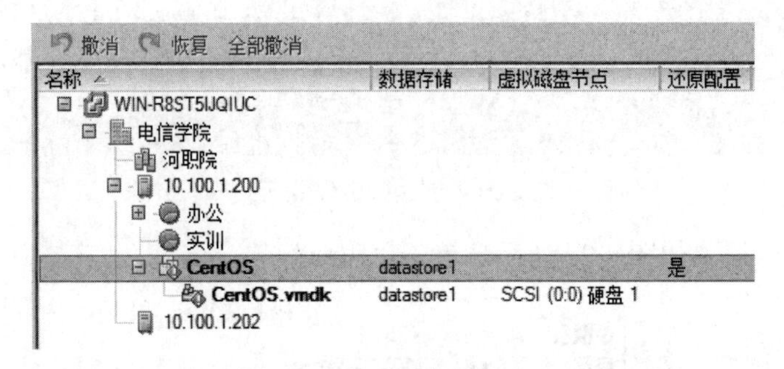

图 8-24　还原虚拟机（2）

（2）设置好后，自动运行还原任务，如图 8-25 所示。

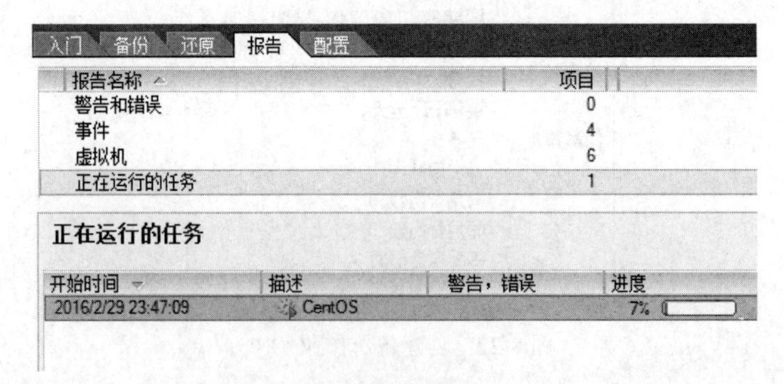

图 8-25　还原虚拟机（3）

9

配置 vSphere HA 群集和容错（FT）

项目描述

学校信息中心为了充分利用现有的硬件资源，将实施一个虚拟化项目，把原有的 2 台服务器进行虚拟化。ESXi 主机中虚拟机运行了 Web 等重要服务，为了让服务能够可靠的运行，对 ESXi 主机进行 HA 群集和容错（FT）配置。

所需知识

1．创建和使用 vSphere HA 群集

vSphere HA 群集允许 ESXi 主机集合作为一个组协同工作，这些主机为虚拟机提供的可用性级别比 ESXi 主机单独提供的级别要高。当规划新 vSphere HA 群集的创建和使用时，选择的选项会影响群集对主机或虚拟机故障的响应方式。

在创建 vSphere HA 群集之前，应清楚 vSphere HA 标识主机故障和隔离以及响应这些情况的方式。还应了解接入控制的工作方式以便可以选择符合故障切换需要的策略。建立群集之后，不但可以通过高级选项自定义其行为，还可以通过执行建议的最佳做法优化其性能。

2．vSphere HA 的工作方式

vSphere HA 可以将虚拟机及其所驻留的主机集中在群集内，从而为虚拟机提供高可用性。群集中的主机均会受到监控，如果发生故障，故障主机上的虚拟机将在备用主机上重新启动。

创建 vSphere HA 群集时，会自动选择一台主机作为首选主机。首选主机可与 vCenter Server 进行通信，并监控所有受保护的虚拟机以及从属主机的状态。可能会发生不同类型的主机故障，首选主机必须检测并相应地处理故障。首选主机必须可以区分故障主机与处于网络分区中或已与网络隔离的主机。首选主机使用网络和数据存储检测信号来确定故障的类型。

3．首选主机和从属主机

在将主机添加到 vSphere HA 群集时，代理将上载到主机，并配置为与群集内的其他代理通信。群集中的每台主机作为首选主机或从属主机运行。

如果为群集启用了 vSphere HA，则所有活动主机（未处于待机或维护模式的主机或未断开连接的主机）都将参与选举以选择群集的首选主机。挂载最多数量的数据存储的主机在选举

中具有优势。每个群集通常只存在一台首选主机，其他所有主机都是从属主机。如果首选主机出现故障、关机或处于待机模式或者从群集中移除，则会进行新的选举。

群集中的首选主机具有很多职责：

（1）监控从属主机的状况。如果从属主机发生故障或无法访问，首选主机将确定需要重新启动的虚拟机。

（2）监控所有受保护虚拟机的电源状况。如果有一台虚拟机出现故障，首选主机可确保重新启动该虚拟机。使用本地放置引擎，首选主机还可确定执行重新启动的位置。

（3）管理群集主机和受保护的虚拟机列表。

（4）充当群集的 vCenter Server 管理界面并报告群集健康状况。

从属主机主要通过本地运行虚拟机、监控其运行时状况和向首选主机报告状况更新对群集发挥作用。首选主机也可运行和监控虚拟机。从属主机和首选主机都可实现虚拟机和应用程序监控功能。

首选主机执行的功能之一是协调受保护虚拟机的重新启动。在 vCenter Server 观察到为响应用户操作，某虚拟机的电源状况由关闭电源变为打开电源之后，该虚拟机会受到首选主机的保护。首选主机会将受保护虚拟机的列表保留在群集的数据存储中。新选的首选主机使用此信息来确定要保护哪些虚拟机。

4. 主机故障类型和检测

vSphere HA 群集的首选主机负责检测从属主机的故障。根据检测到的故障类型，在主机上运行的虚拟机可能需要进行故障切换。

在 vSphere HA 群集中，检测三种类型的主机故障：

（1）故障。主机停止运行。

（2）隔离。主机与网络隔离。

（3）分区。主机失去与首选主机的网络连接。

首选主机监控群集中从属主机的活跃度。此通信通过每秒交换一次网络检测信号来完成。当首选主机停止从从属主机接收这些检测信号时，它会在声明该主机已出现故障之前检查主机活跃度。首选主机执行的活跃度检查是要确定从属主机是否在与数据存储之一交换检测信号。有关详细信息请参见数据存储检测信号。而且，首选主机还检查主机是否对发送至其管理 IP 地址的 ICMP ping 进行响应。

如果首选主机无法直接与从属主机上的代理进行通信，则该从属主机不会对 ICMP ping 进行响应，并且该代理不会发出被视为已出现故障的检测信号且会在备用主机上重新启动主机的虚拟机。如果此类从属主机与数据存储交换检测信号，则首选主机会假定它处于某个网络分区或隔离网络中，因此会继续监控该主机及其虚拟机。有关详细信息请参见网络分区。

当主机仍在运行但无法再监视来自管理网络上 vSphere HA 代理的流量时，会发生主机网络隔离。如果主机停止监视此流量，则它会尝试 ping 群集隔离地址。如果仍然失败，主机将声明自己已与网络隔离。

首选主机监控在独立主机上运行的虚拟机，如果发现虚拟机的电源已关闭，而且该首选主机负责这些虚拟机，则会重新启动这些虚拟机。

5. vSphere HA 接入控制

vCenter Server 使用接入控制来确保群集内具有足够的资源，以便提供故障切换保护并确保考虑虚拟机资源预留。

有三种类型的接入控制可用。

（1）主机：确保主机有足够资源来满足其上运行的所有虚拟机的预留。

（2）资源池：确保资源池有足够资源来满足与其关联的所有虚拟机的预留、份额和限制。

（3）vSphere HA：确保预留了足够的群集资源，以便在主机发生故障时恢复虚拟机。

接入控制对资源使用施加一些限制，违反这些限制的任何操作将不被允许。可能被禁止的操作的示例包括：

（1）打开虚拟机电源。

（2）将虚拟机迁移到主机、群集或资源池中。

（3）增加虚拟机的 CPU 或内存预留。

对于这三种接入控制类型，只有 vSphere HA 接入控制可以被禁用。但是，如果禁用 VMware HA 接入控制，将无法保证有预期数量的虚拟机能够在故障之后重新启动。请勿永久禁用接入控制，但可能由于以下原因，需要临时将其禁用：

（1）当没有足够资源来支持故障切换操作时，用户需要违反故障切换限制（例如，如果用户打算将主机置于待机模式以测试它们能否与 Distributed Power Management 一起使用）。

（2）如果自动过程需要执行一些操作，而这些操作可能会暂时违反故障切换限制（例如，在 vSphere Update Manager 执行的 ESXi 主机升级或修补过程中）。

（3）如果需要执行测试或维护操作。

接入控制可以留出容量，但当发生故障时，vSphere HA 会将使用任意可用于重新启动虚拟机的容量。例如，vSphere HA 在一台主机上放置的虚拟机数量要多于用户发起的打开电源所允许的接入控制。

6. Fault Tolerance

可以为虚拟机启用 vSphere Fault Tolerance，以获得比 vSphere HA 所提供的级别更高的可用性和数据保护，从而确保业务连续性。

Fault Tolerance 是基于 ESXi 主机平台构建的（使用 VMware vLockstep 技术），它通过在单独主机上以虚拟锁步方式运行相同的虚拟机来提供连续可用性。

7. Fault Tolerance 的工作方式

vSphere Fault Tolerance 通过创建和维护与主虚拟机相同，且可在发生故障切换时随时替换主虚拟机的辅助虚拟机，来确保虚拟机的连续可用性，如图 9-1 所示。

可以为大多数任务关键虚拟机启用 Fault Tolerance。其会创建一个重复虚拟机（称为辅助虚拟机），该虚拟机会以虚拟锁步方式随主虚拟机一起运行。VMware vLockstep 可捕获主虚拟机上发生的输入和事件，并将这些输入和事件发送到正在另一主机上运行的辅助虚拟机。使用此信息，辅助虚拟机的执行将等同于主虚拟机的执行。因为辅助虚拟机与主虚拟机一起以虚拟锁步方式运行，所以它可以无中断地接管任何点处的执行，从而提供容错保护。

注意：主虚拟机与辅助虚拟机之间的 FT 日志记录通信是未加密的，且包含客户机网络和存储器 I/O 数据以及客户机操作系统的内存内容。此通信可以包含敏感数据，如纯文本格式的密码。为避免这些数据被泄漏，尤其是避免受到“中间人”攻击，请确保此网络是受保护的。例如，可以对 FT 日志记录通信使用专用网络。

主虚拟机和辅助虚拟机可持续交换检测信号。此交换使得虚拟机对中的虚拟机能够监控彼此的状态，以确保持续提供 Fault Tolerance 保护。如果运行主虚拟机的主机发生故障，系统将会执行透明故障切换，此时会立即启用辅助虚拟机以替换主虚拟机，并将启动新的辅助虚拟机，同时在几秒钟内重新建立 Fault Tolerance 冗余。如果运行辅助虚拟机的主机发生故障，则该主机也会立即被替换。在任一情况下，用户都不会遭遇服务中断和数据丢失的情况。

容错虚拟机及其辅助副本不允许在相同主机上运行。此限制可确保主机故障无法导致两个虚拟机都丢失。也可以使用虚拟机-主机关联性规则来确定要在其上运行指定虚拟机的主机。如果使用这些规则，应了解对于受这种规则影响的任何主虚拟机，其关联的辅助虚拟机也受这些规则影响。有关关联性规则的详细信息，请参见 vSphere 资源管理文档。

Fault Tolerance 可避免“裂脑”情况的发生，此情况可能会导致虚拟机在从故障中恢复后存在两个活动副本。共享存储器上锁定的原子文件用于协调故障切换，以便只有一端可作为主虚拟机继续运行，并由系统自动重新生成新辅助虚拟机。

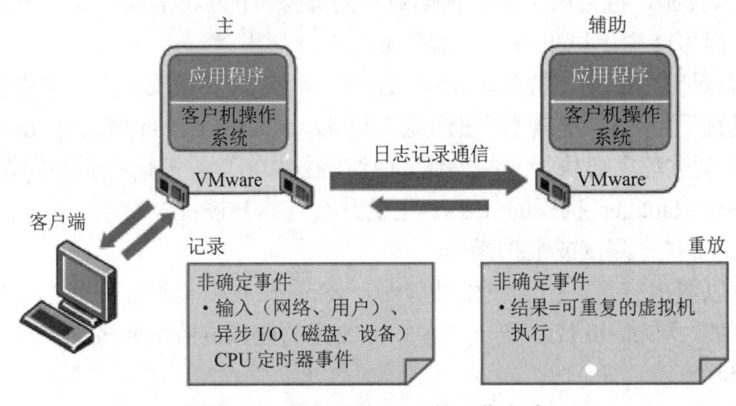

图 9-1　Fault Tolerance 的工作方式

任务 1　配置 vSphere HA 群集

任务描述

将 ESXi 主机 10.100.1.200 和 10.100.1.200 加入“网络”群集，同时，通过模拟硬件故障，掌握 vSphere HA 群集的运作流程。

任务实施

（1）使用 vSphere Client 登录 vCenter Server 建立“电信学院”数据中心，在该数据中心下面新建“网络”群集，将两台 ESXi 主机添加进“网络”群集，如图 9-2 所示。

（2）右击“网络”群集，选择“编辑设置”，对群集参数进行配置，如图 9-3 所示。

（3）群集参数进行配置。配置步骤如图 9-4、图 9-5 所示。

（4）所有活动主机参与选举以选择群集的首选主机，10.100.1.200 被选举为首选主机，10.100.1.202 被选举为从属主机，如图 9-6、图 9-7 所示。

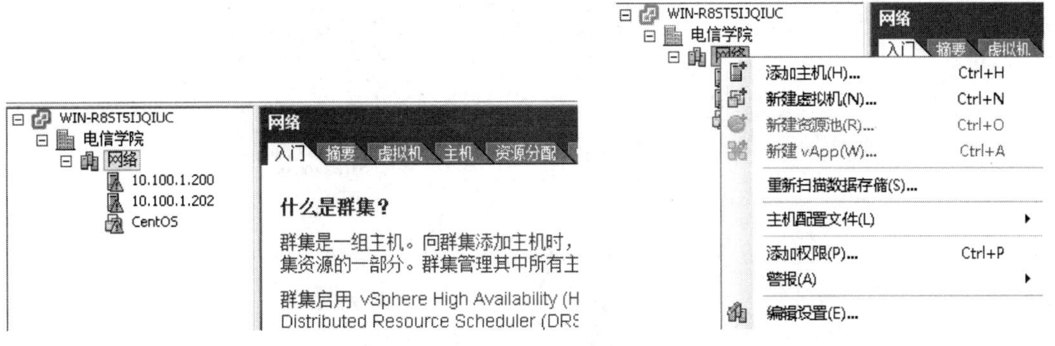

图 9-2　配置 vSphere HA 群集（1）　　图 9-3　配置 vSphere HA 群集（2）

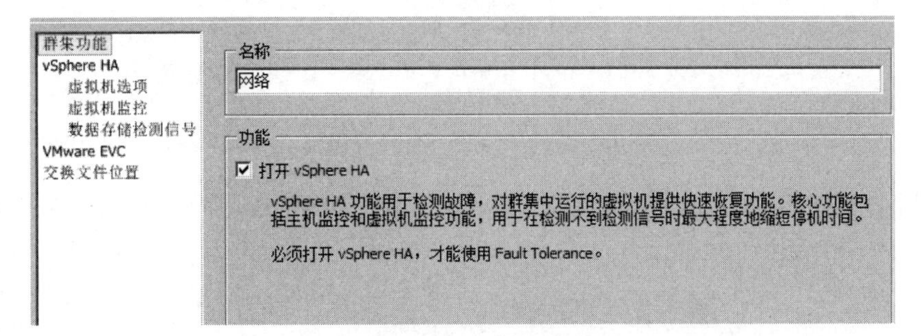

图 9-4　配置 vSphere HA 群集（3）

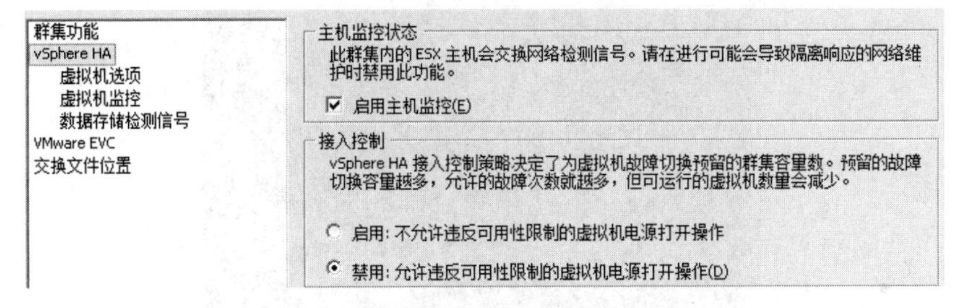

图 9-5　配置 vSphere HA 群集（4）

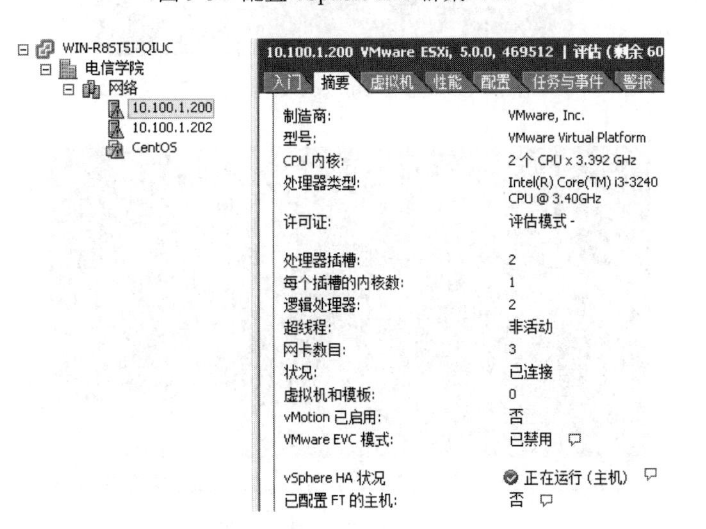

图 9-6　配置 vSphere HA 群集（5）

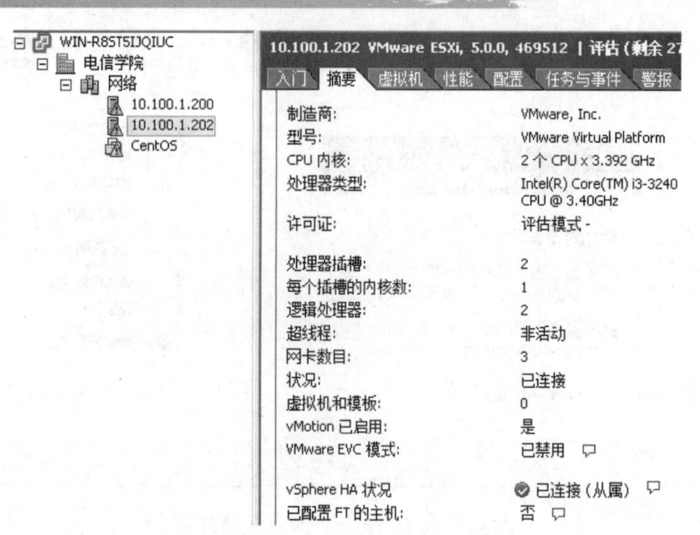

图 9-7　配置 vSphere HA 群集（6）

（5）启动 10.100.1.200 上的 CentOS 虚拟机，如图 9-8 所示。启动完毕后，将 10.100.1.200 的第一张网卡断开连接，模拟硬件故障，如图 9-9 所示。

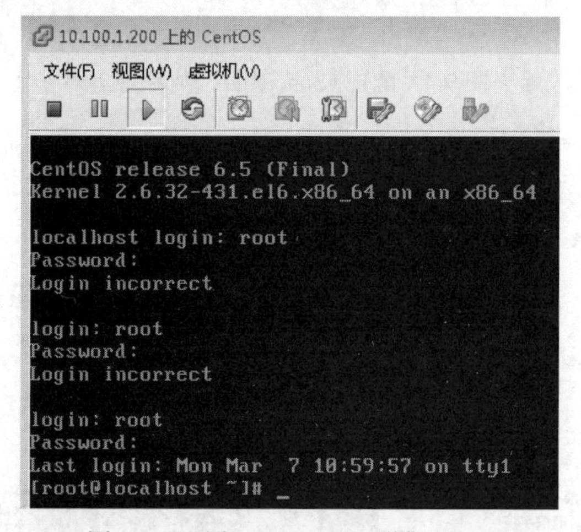

图 9-8　配置 vSphere HA 群集（7）

图 9-9　配置 vSphere HA 群集（8）

（6）群集检测到主机 10.100.1.200 的硬件故障，虚拟机 CentOS 将在主机 10.100.1.202 上启动运行，如图 9-10 所示。

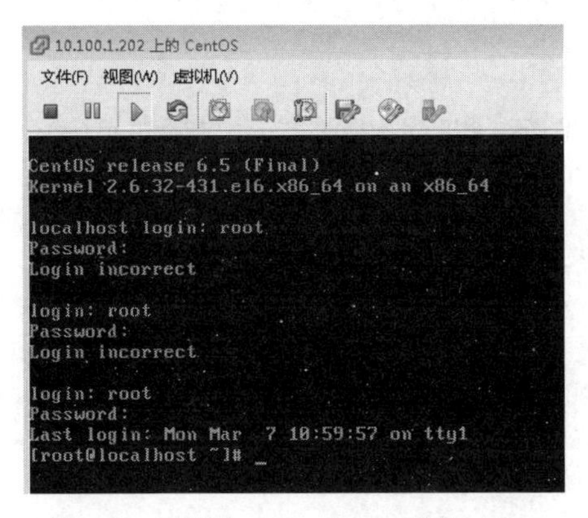

图 9-10　配置 vSphere HA 群集（9）

任务 2　配置容错（FT）

任务描述

将 ESXi 主机 10.100.1.200 和 10.100.1.200 加入“网络”群集，同时，通过模拟硬件故障，掌握 vSphere 容错（FT）的运作流程。由于在 VMware Workstations 下，ESXi 主机中 64 位的虚拟机不能成功实施 FT，本次任务使用 Windows XP 配置 vSphere 容错（FT）。实际物理环境没有问题。

任务实施

（1）首先确认虚拟机“XP”的数据存储是否在 openfiler-esxi 中。如果不在 openfiler-esxi 中，则需要将此虚拟机迁移数据存储到 openfiler-esxi。同时，在 XP 中要安装 VMware tools。先配置虚拟机参数，使得 VMware Workstation 环境下支持 FT，在虚拟机“XP”中右击选择“编辑设置”，进入该虚拟机的设置界面，如图 9-11 所示。

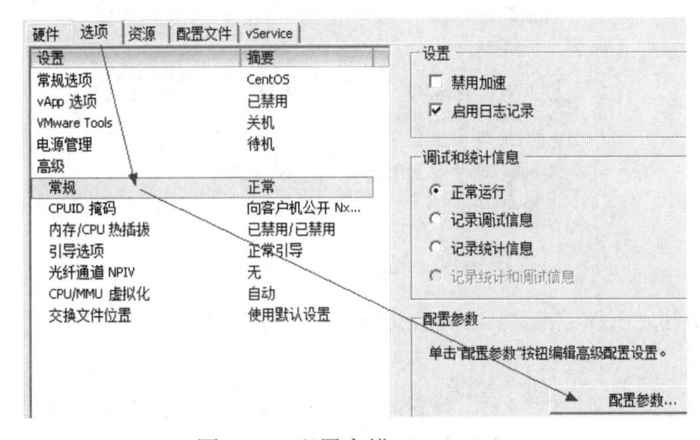

图 9-11　配置容错（FT）（1）

（2）将 replay.supported 设置为 true，replay.allowFT 设置为 true，同时增加一个参数 replay.allowBTOnly，其值设置为 true，注意字母的大小写，如图 9-12、图 9-13 所示。

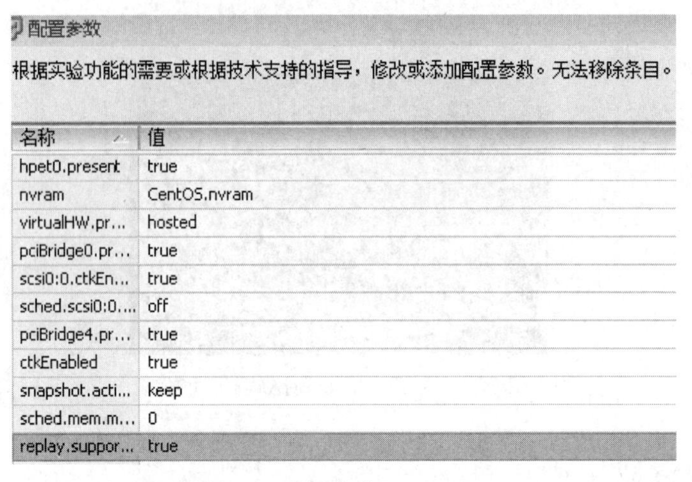

配置参数

根据实验功能的需要或根据技术支持的指导，修改或添加配置参数。无法移除条目。

名称	值
hpet0.present	true
nvram	CentOS.nvram
virtualHW.pr...	hosted
pciBridge0.pr...	true
scsi0:0.ctkEn...	true
sched.scsi0:0....	off
pciBridge4.pr...	true
ctkEnabled	true
snapshot.acti...	keep
sched.mem.m...	0
replay.suppor...	true

图 9-12　配置容错（FT）（2）

vmware.tools.intern...	8384
vmware.tools.requir...	8384
vmware.tools.install...	none
vmware.tools.lastIn...	unknown
migrate.hostLogSta...	none
migrate.migrationId	0
replay.allowFT	true
replay.allowBTOnly	true

图 9-13　配置容错（FT）（3）

（3）配置 2 台 EXSi 主机的网络配置，启用“vMotion”“Fault Tolerance 日志记录”“管理流量”3 个选项，如图 9-14 所示。

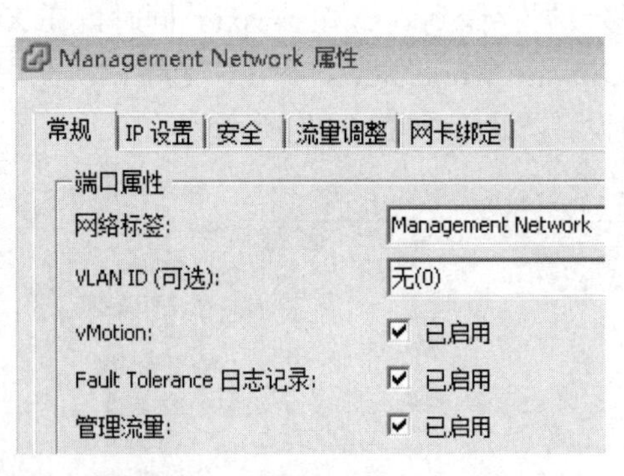

图 9-14　配置容错（FT）（4）

（4）打开虚拟机“XP”的“Fault Tolerance”，在弹出的对话框中单击“是”，如图 9-15 至图 9-17 所示。

（5）配置完成之后，启动“XP”虚拟机，该虚拟机在 2 台主机上都会同时运行。其中一个是“主要的”，一个是“次要的”，如图 9-18 所示。当有一台 ESXi 主机有故障时，另一台

ESXi 主机上的“XP”虚拟机将会接受工作，从“次要的”变成“主要的”，保证业务不间断运行。

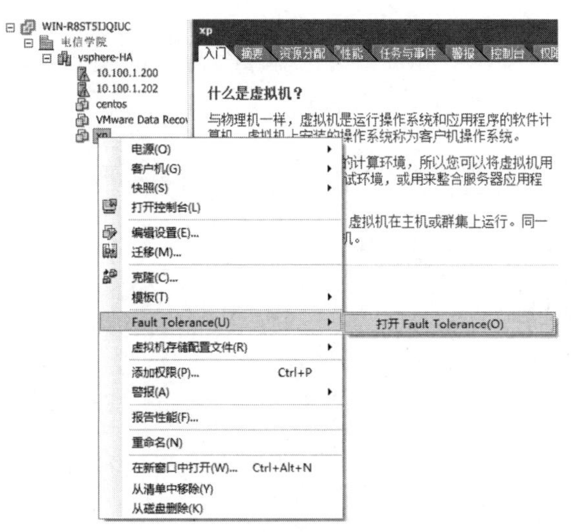

图 9-15 配置容错（FT）（5）

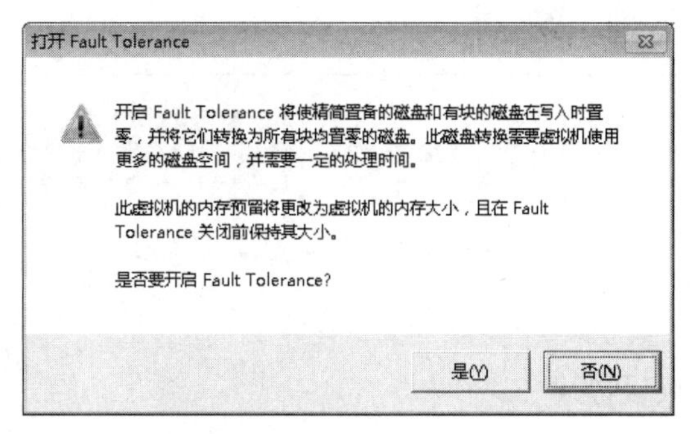

图 9-16 配置容错（FT）（6）

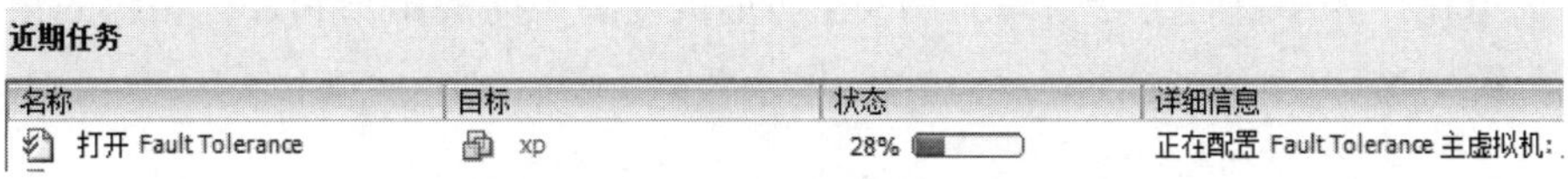

近期任务

名称	目标	状态	详细信息
打开 Fault Tolerance	xp	28%	正在配置 Fault Tolerance 主虚拟机:

图 9-17 配置容错（FT）（7）

图 9-18 配置容错（FT）（8）

10
vSphere 权限管理

项目描述

学校信息中心为了充分利用现有的硬件资源，将实施一个虚拟化项目，把原有的 2 台服务器进行虚拟化。为了进行分级管理，对 ESXi 主机创建不同的用户和进行相应的角色分配。

所需知识

1. vSphere 中的授权

在 vSphere 中授权用户或组的主要方式是 vCenter Server 权限。根据要执行的任务，可能需要其他授权。vSphere 6.0 及更高版本允许有特权的用户以下列方式授予其他用户执行任务的权限。这些方法大多数互相排斥；但是，可以使用全局权限授予某些用户对所有解决方案的权限，以及使用本地 vCenter Server 权限授予其他用户对各个 vCenter Server 系统的权限。权限类型与相应的权限内容如表 10-1 所示。

表 10-1 权限类型与相应的权限内容

权限类型	权限内容
vCenter Server 权限	vCenter Server 系统的权限模型需要向该 vCenter Server 对象层次结构中的对象分配权限。每种权限都会向一个用户或组授予一组特权，即选定对象的角色。例如，您可以选择一台 ESXi 主机并向一组用户分配角色，以授予这些用户对该主机的相应特权
全局权限	全局权限应用到跨多个解决方案的全局根对象。例如，如果已安装 vCenter Server 和 vCenter Orchestrator，则可以使用全局权限向这两个对象层次结构中的所有对象授予权限。系统会在整个 vsphere.local 域中复制全局权限。全局权限不会为通过 vsphere.local 组管理的服务提供授权
ESXi 本地主机权限	如果要管理不受 vCenter Server 系统管理的独立 ESXi 主机，则可以向用户分配其中一个预定义的角色

2. vCenter Server 权限模型

vCenter Server 系统的权限模型需要向 vSphere 对象层次结构中的对象分配权限。每种权限都会向一个用户或组授予一组特权，即选定对象的角色。

相关概念如下：

（1）权限

vCenter Server 对象层次结构中的每个对象都具有关联的权限。每个权限为一个组或用户指定该组或用户具有对象的哪些特权。

（2）用户和组

在 vCenter Server 系统中，可以仅向经过身份验证的用户或经过身份验证的用户组分配特权。用户通过 vCenter Single Sign-On 进行身份验证。必须在 vCenter Single Sign-On 正用于进行身份验证的标识源中定义用户和组。使用您的标识源（例如 Active Directory）中的工具定义用户和组。

（3）角色

角色允许基于用户执行的一系列典型任务分配对对象的权限。默认角色（例如管理员）已在 vCenter Server 中预定义，不能更改。其他角色（例如资源池管理员）是预定义的样本角色。可以从头开始或者通过克隆和修改样本角色创建自定义角色。

（4）特权

特权是精细的访问控制。可以将这些特权分组到角色中，然后可以将其映射到用户或组卷影复制服务静默。

（5）vSphere 权限

vSphere 权限结构如图 10-1 所示。

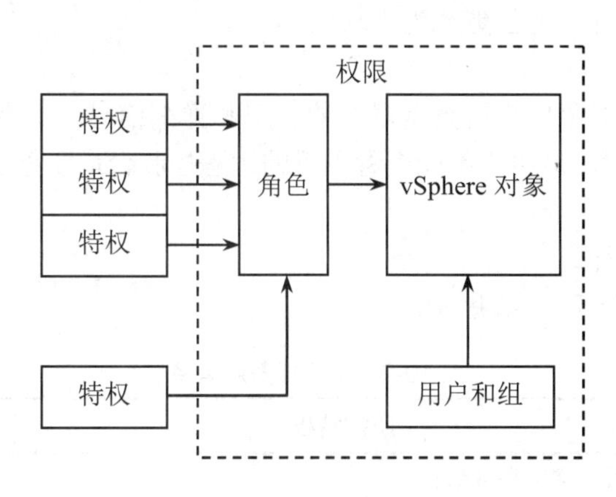

图 10-1　vSphere 权限结构

要向对象分配权限，执行以下步骤。

（1）在 vCenter 对象层次结构中选择要对其应用权限的对象。

（2）选择应对该对象具有特权的组或用户。

（3）选择组或用户针对该对象应具有的角色（即一组特权）。默认情况下，权限会传播，即组或用户对选定对象及其子对象具有选定角色。

权限的层次结构继承，当向对象授予权限时，可以选择是否允许其沿对象层次结构向下传播，为每个权限设置传播。传播并非普遍适用，为子对象定义的权限将总是替代从父对象中传播的权限。

3. vCenter Server 系统角色

角色是一组预定义的特权。向对象添加权限时，请将用户或组与角色配对。vCenter Server 包括多种无法更改的系统角色。

vCenter Server 提供少量默认角色。不能更改与默认角色关联的特权。默认角色以层次结构方式进行组织；每个角色将继承前一个角色的特权。例如，管理员角色继承只读角色的特权。创建的角色不继承任何系统角色的特权。

（1）管理员角色

分配有管理员角色的对象用户可在对象上查看和执行所有操作。此角色也包括只读角色固有的所有特权。如果使用管理员角色对对象执行操作，可以将特权分配给各个用户和组。如果使用管理员角色在 vCenter Server 中进行操作，可以将特权分配给默认 vCenter Single Sign-On 标识源中的用户和组。支持的身份服务包括 Windows Active Directory 和 OpenLDAP 2.4。默认情况下，安装后，administrator@vsphere.local 用户将对 vCenter Single Sign-On 和 vCenter Server 具有管理员角色。该用户之后可以将其他用户与 vCenter Server 上的管理员角色相关联。

（2）无权访问角色

分配有无权访问角色的对象用户不能以任何方式查看或更改对象。默认情况下向新用户和组分配此角色，可以逐个对象更改角色。administrator@vsphere.local 用户、root 用户和 vpxuser 用户是默认未分配无权访问角色的唯一用户。相反，它们分配有管理员角色。只要首先在 root 级别使用管理员角色创建替代权限并将此权限与另一个用户相关联，就可以移除 root 用户的所有权限或将其角色更改为无权访问。

（3）只读角色

分配有只读角色的对象用户可查看对象的状况和详细信息。具有此角色的用户可查看虚拟机、主机和资源池属性。该用户不能查看主机的远程控制台，且通过菜单和工具栏执行的所有操作均被禁止。

4. 常见任务所需特权

常见任务所需特权如表 10-2 所示。

表 10-2　常见任务所需特权

任务	所需特权	适用角色
创建虚拟机	在目标文件夹或数据中心上： 虚拟机→清单→新建 虚拟机→配置→添加新磁盘（如果要创建新虚拟磁盘） 虚拟机→配置→添加现有磁盘（如果使用现有虚拟磁盘） 虚拟机→配置→裸设备（如果使用 RDM 或 SCSI 直通设备）	管理员
	在目标主机、群集或资源池上： 资源→将虚拟机分配给资源池	资源池管理员或管理员
	在包含数据存储的目标数据存储或文件夹上： 数据存储→分配空间	数据存储用户或管理员

续表

任务	所需特权	适用角色
创建虚拟机	在虚拟机将分配到的网络上： 网络→分配网络	网络用户或管理员
从模板部署虚拟机	在目标文件夹或数据中心上： 虚拟机→清单→从现有项创建 虚拟机→配置→添加新磁盘	管理员
	在模板或模板的文件夹上： 虚拟机→置备→部署模板	管理员
	在目标主机、群集或资源池上： 资源→将虚拟机分配给资源池	管理员
	在目标数据存储或数据存储的文件夹上： 数据存储→分配空间	数据存储用户或管理员
	在虚拟机将分配到的网络上： 网络→分配网络	网络用户或管理员
生成虚拟机快照	在虚拟机或虚拟机的文件夹上： 虚拟机→快照管理→创建快照	虚拟机超级用户或管理员
将虚拟机移动到资源池中	在虚拟机或虚拟机的文件夹上： 资源→将虚拟机分配给资源池 虚拟机→清单→移动	管理员
	在目标资源池上： 资源→将虚拟机分配给资源池	管理员
在虚拟机上安装客户机操作系统	在虚拟机或虚拟机的文件夹上： 虚拟机→交互→回答问题 虚拟机→交互→控制台交互 虚拟机→交互→设备连接 虚拟机→交互→关闭电源 虚拟机→交互→打开电源 虚拟机→交互→重置 虚拟机→交互→配置 CD 媒体（如果从 CD 安装） 虚拟机→交互→配置软盘媒体（如果从软盘安装） 虚拟机→交互→VMware Tools 安装	虚拟机超级用户或管理员
	在包含安装媒体 ISO 映像的数据存储上： 数据存储→浏览数据存储（如果从数据存储上的 ISO 映像安装） 在向其上载安装介质 ISO 映像的数据存储上： 数据存储→浏览数据存储 数据存储→低级别文件操作	虚拟机超级用户或管理员
通过 vMotion 迁移虚拟机	在虚拟机或虚拟机的文件夹上： 资源→迁移已打开电源的虚拟机 资源→将虚拟机分配给资源池（如果目标资源池与源资源池不同）	资源池管理员或管理员

续表

任务	所需特权	适用角色
通过 vMotion 迁移虚拟机	在目标主机、群集或资源池上（如果与源主机、群集或资源池不同）： 资源→将虚拟机分配给资源池	资源池管理员或管理员
将主机移动到群集	在主机上： 主机→清单→将主机添加到群集	管理员
	在目标群集上： 主机→清单→将主机添加到群集	管理员

任务 1　创建拥有“只读”权限的用户组

任务描述

在 ESXi 主机的管理维护中，为了实施分级管理，经常采用不同的用户给予不同的权限。创建拥有“只读”权限的用户组，该组的用户只能登录 ESXi 主机查看，而不能做任何的配置。

任务实施

（1）使用 vSphere Client 登录 ESX 主机（10.100.1.200），在该主机的“本地用户和组”→“组”右击“添加”，添加一个新组 user-readonly，如图 10-2、图 10-3 所示。

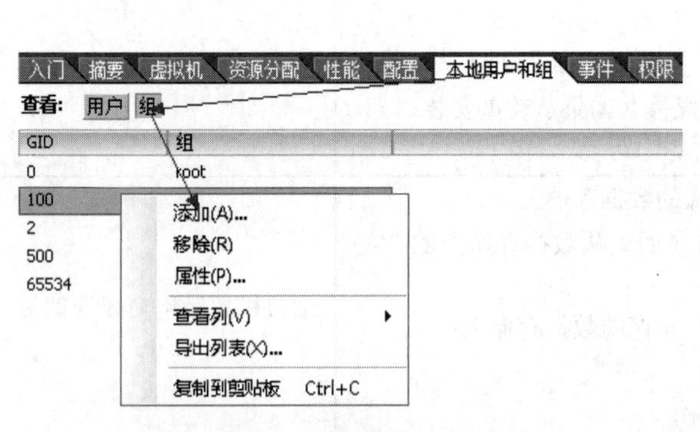

图 10-2　创建用户组（1）

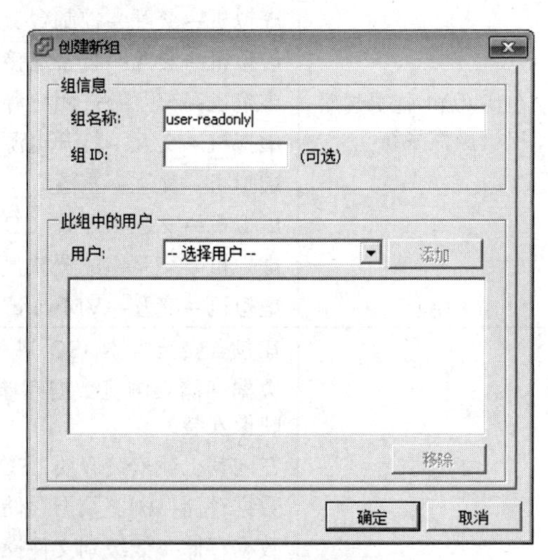

图 10-3　创建用户组（2）

（2）在该主机的“本地用户和组”→“用户”右击“添加”，添加一个新用户 user1，密码为 abc@123。同时，单击“添加”按钮将该用户加入到“user-readonly”组中，如图 10-4、图 10-5 所示。

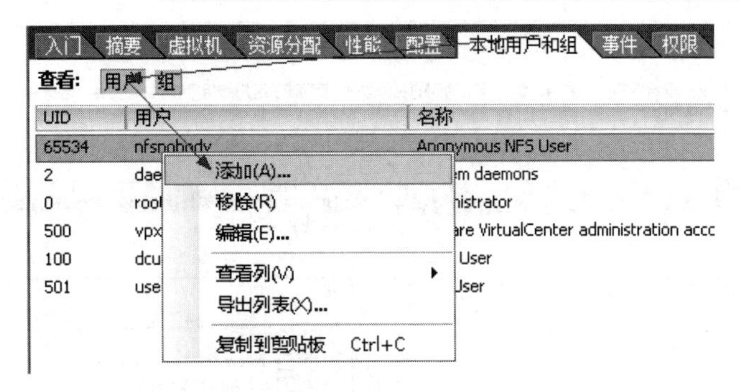

图 10-4　创建用户（1）

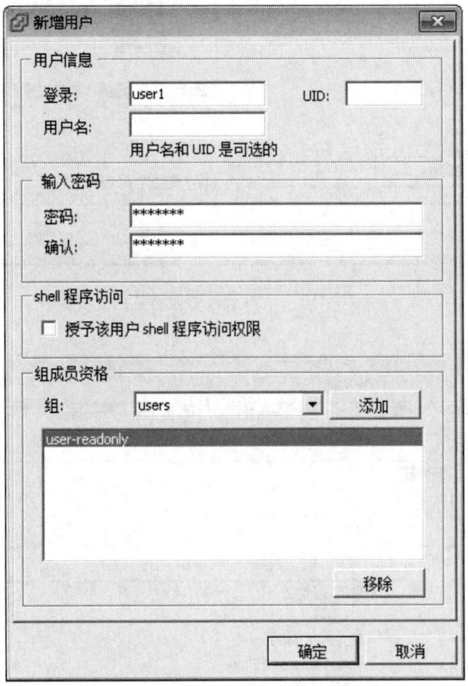

新增用户
用户信息
登录: user1　UID:
用户名:
用户名和 UID 是可选的
输入密码
密码: *******
确认: *******
shell 程序访问
授予该用户 shell 程序访问权限
组成员资格
组: users　添加
user-readonly
移除
确定　取消

图 10-5 创建用户（2）

（3）在“权限”标签中，右击选择“添加权限”。在“分配权限”窗口中单击“添加”，将组 user-readonly 添加进来，这样组 user-readonly 拥有只读的权限，如图 10-6 至图 10-8 所示。

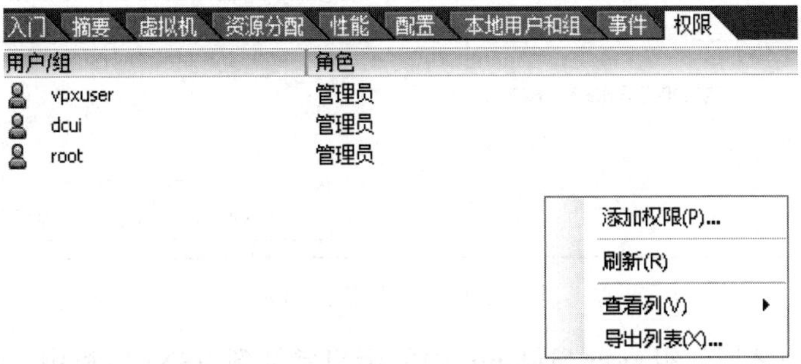

入门　摘要　虚拟机　资源分配　性能　配置　本地用户和组　事件　权限
用户/组　角色
vpxuser　管理员
dcui　管理员
root　管理员
添加权限(P)...
刷新(R)
查看列(V)
导出列表(X)...

图 10-6　分配权限（1）

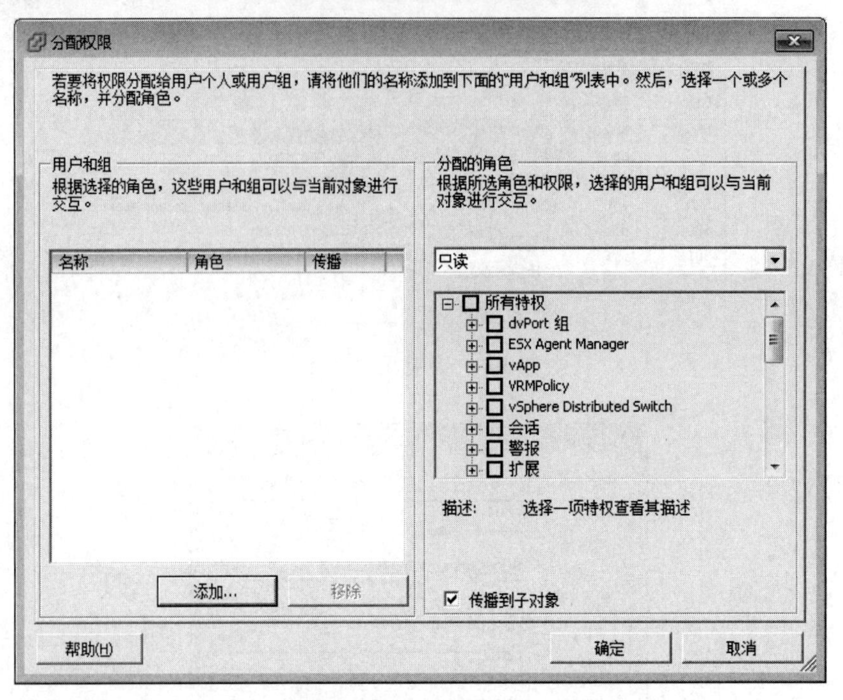

图 10-7　分配权限（2）

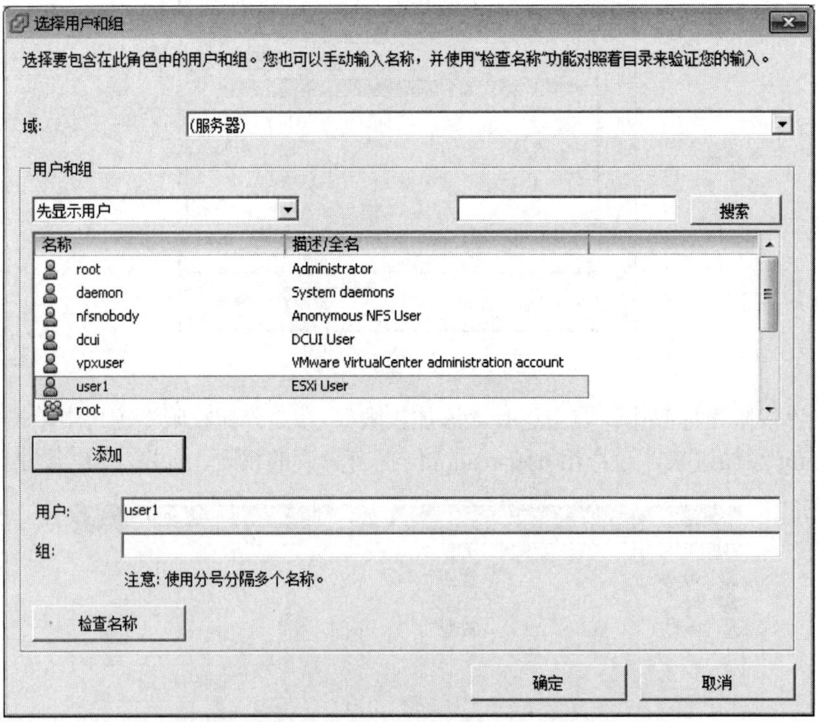

图 10-8　分配权限（3）

（4）设置完毕之后，组 user-readonly 中的用户登录到 ESXi 主机中，只拥有“只读”的权限，如图 10-9 所示。

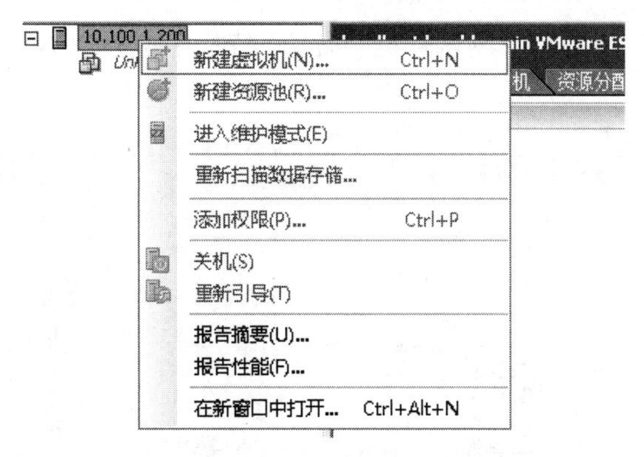

图 10-9　配置结果检验

任务 2　创建“浏览数据存储”角色

任务描述

在 ESXi 主机的管理维护中，为了实施分级管理，经常采用不同的用户给予不同的权限。创建用户名为“user2”用户，并创建“浏览数据存储”角色，将该角色分配给用户 user2。

任务实施

（1）使用 vSphere Client 登录 ESX 主机（10.100.1.200），在该主机的“清单”→“系统管理”→“角色”的空白处单击右键，选择“添加”添加一个名为“浏览数据存储”的角色，如图 10-10、图 10-11 所示。

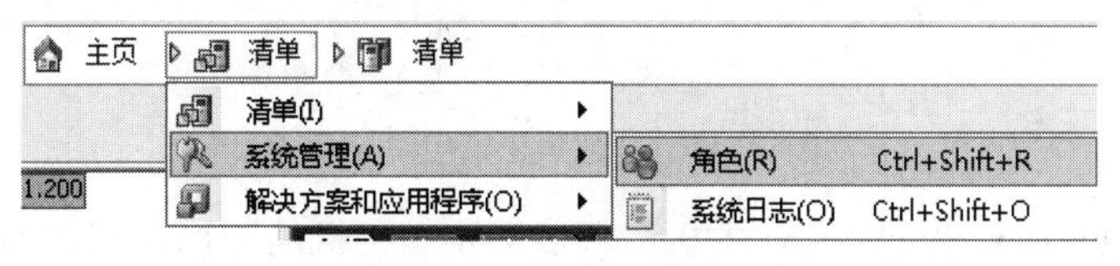

图 10-10　创建角色（1）

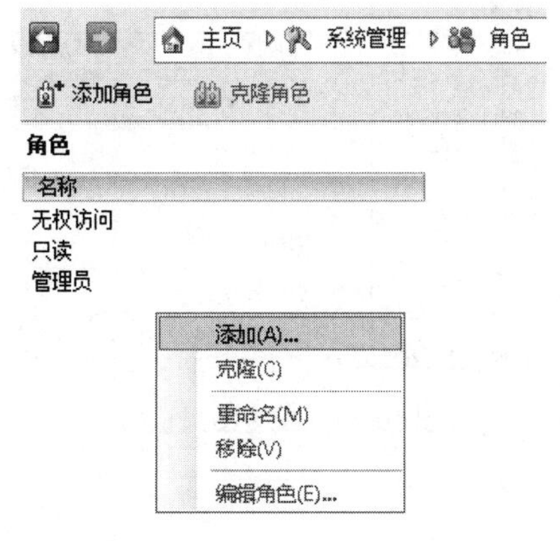

图 10-11　创建角色（2）

（2）在“名称”框处输入“浏览数据存储”，特权中选择“数据存储”→“浏览数据存储”，如图 10-12 所示。

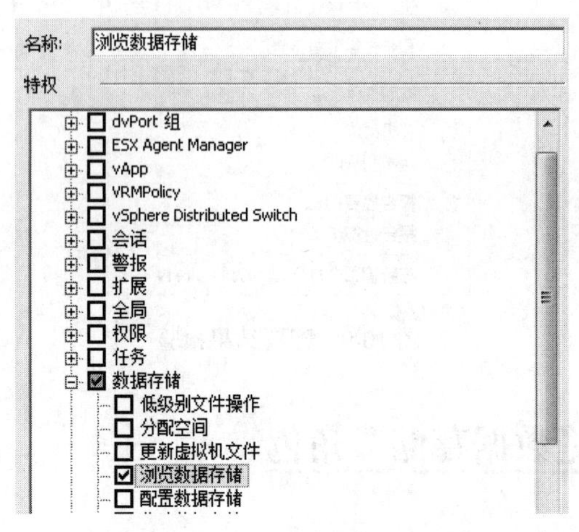

图 10-12　创建角色（3）

（3）按任务 1 中的步骤，创建 user2 用户，并将“浏览数据存储”角色分配给用户 user2，如图 10-13 所示。

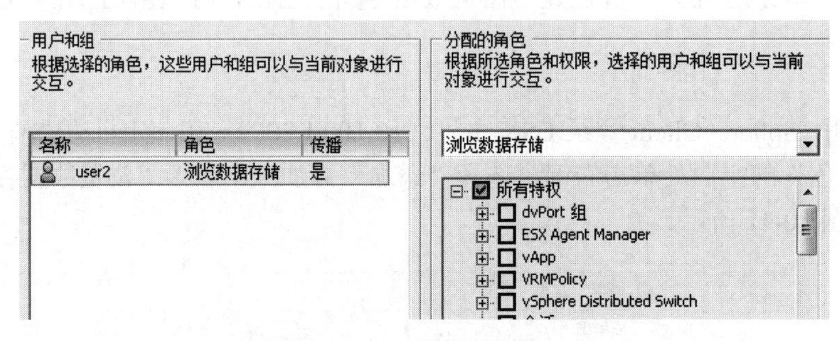

图 10-13　分配角色给用户 user2

（4）使用用户 user2 登录 ESXi 主机，只能浏览该主机的数据存储，如图 10-14 所示。

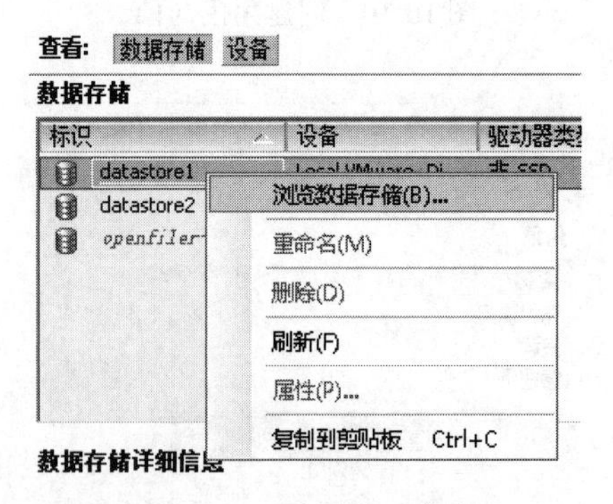

图 10-14　配置结果检验

参考资料

[1] 百度百科 http://baike.baidu.com

[2] VMware http://www.vmware.com/cn

[3] 何坤源．VMware vSphere 5.0 虚拟化架构实战指南．北京：人民邮电出版社，2014.